EV3 进阶智能机器人编程

（科学探究）

（上册）

达内童程童美教研部　编著

电子工业出版社

Publishing House of Electronics Industry

北京·BEIJING

图书在版编目（CIP）数据

EV3 进阶智能机器人编程：科学探究：全 2 册 / 达内童程童美教研部编著. —北京：电子工业出版社，2018.6

ISBN 978-7-121-34395-7

Ⅰ．① E… Ⅱ．①达… Ⅲ．①智能机器人 – 程序设计 – 少儿读物 Ⅳ．① TP242.6-49

中国版本图书馆 CIP 数据核字（2018）第 122903 号

策划编辑：蔡　葵
责任编辑：徐　磊
印　　刷：北京富诚彩色印刷有限公司
装　　订：北京富诚彩色印刷有限公司
出版发行：电子工业出版社
　　　　　北京市海淀区万寿路 173 信箱　邮编：100036
开　　本：787×1 092　1/16　印张：15　字数：360 千字
版　　次：2018 年 6 月第 1 版
印　　次：2019 年 1 月第 2 次印刷
定　　价：89.90 元（全 2 册）

凡所购买电子工业出版社图书有缺损问题，请向购买书店调换。若书店售缺，请与本社发行部联系，联系及邮购电话：（010）88254888，88258888。

质量投诉请发邮件至 zlts@phei.com.cn，盗版侵权举报请发邮件至 dbqq@phei.com.cn。

本书咨询联系方式：（010）88254595，xdhx@phei.com.cn。

序

《国家创新驱动发展战略纲要》指出："创新驱动是国家命运所系。国家力量的核心支撑是科技创新能力。""科技和人才成为国力强盛最重要的战略资源。"培养更多的具备科学素养，具有创新能力、独立思考能力的人才是当前教育工作的重中之重！

达内集团童程童美作为少儿 STEAM 教育行业的领军企业，针对 6 到 18 岁的少年儿童推出了智能机器人编程全套课程，整个课程体系知识完整，进阶清晰，设计合理。本书作为该套课程的配套教材，童程童美教研部的老师们花费了大量心血，从初稿、二稿、终稿到一审、二审、终审，层层把关，确保把最优质的机器人课程教材呈献给广大读者。

每节课包括以下几部分内容。

扩展知识：通俗地介绍本节课涉及的百科知识，如物理、化学、天文、地理、数学、历史等学科。

搭建知识：重点介绍本节课搭建作品中的核心结构，而不是采用分步骤搭建图的方式呈现，目的是不限制小读者的思维，充分发挥大家的想象力、创造力。

编程知识：重点介绍本节课学习到的新的编程模块，深度剖析，举一反三。同时还会介绍一些编程技巧以及如何养成良好的编程习惯。

试一试：根据任务要求，小读者可以尝试着画出程序流程图。编程思维的培养重点在于是否能理解程序的思路，而不是掌握编程步骤，所以会画流程图很重要！

练一练：在每一节课的末尾设计了有探索性和延展性的课后习题的部分，小读者可以通过查资料或者复习的方式找到答案，从而达到温故而知新的效果。

机器人课程的教育宗旨是"边做边学"，所以在学习此书时，小读者应该边搭建、边思考、边编程、边探索，这样，此教材才会发挥其最大的作用。

最后，希望小读者们都能够从此书中获得快乐，并且学到很多东西！人工智能的时代来了，让机器人陪伴中国儿童一起成长。

前 言

  这是一本指导中国青少年儿童探究、学习机器人的书籍，全书引领学生独立探索问题，让学生多思考，多动脑，结合每节课丰富有趣的机器人作品，让学生在开心、快乐的氛围中学习知识、锻炼能力。

  本书将带领学生，通过每节课不同的课程主题，去学习和了解不同的学科，例如：生物学、机械学、物理学、数学、设计学、工程学等一系列的学科，从学生能理解的角度出发去解析、设计课程，让学生带着兴趣去探索未知，真正地做到玩中学、做中学。

  机器人课程旨在培养学生具备解决未知问题的能力，不论是在今后的学习、工作还是生活过程中，人人都会遇到未知问题，如何有效地解决未知问题，考验的不单单是学生某一门知识或某项能力，而是综合的知识与能力。本书中每一节课的任务都是一个未知问题，学生们首先要分析问题（分析能力），发挥想象力和创造力（创新能力），利用学习到的知识，设计解决方案（设计能力），动手实现（动手能力），在实现的过程中，必然会遇到问题、错误，及时纠正，不断尝试（受挫力），同时与他人合作（团队协作能力、沟通表达能力），最终完成作品。所以机器人课程就是在不断地培养学生去解决一个个未知问题，在这个过程中，学生可以学习到多学科知识，同时锻炼多方面的能力！

  本书每课包括课前引导说明、扩展知识、搭建知识、编程知识、试一试、练一练、秀一秀七个环节，更加科学、合理地去设计每节课。接下来为大家介绍每一个环节的作用：

  课前引导说明：帮助学生快速了解本节课的重点内容；

  扩展知识：让学生了解相关于本节课作品的一些生活中的知识、常识等；

  搭建知识：讲解本节课作品搭建过程中，所要用到的物理、机械方面的知识点，在了解重点结构的基础上，鼓励学生自主设计机器人的外观及传动装置等；

  编程知识：讲解每节课的机器人作品，在编写程序时的新知识点以及难点，帮助学生理清思路，循序渐进地掌握机器人编程；

  试一试：学生需要根据本节课机器人的功能，画出完成任务的流程图，锻炼学生的逻辑思维能力和总结能力等；

  练一练：通过课后练习题，来巩固学生对于本节课知识的掌握；

秀一秀：完成任务后，将学生与作品的合影贴于此处，保留精彩的瞬间。

通过精心地设计和编写，经过不断地修改和完善，愿本书陪伴小读者们，在开心愉悦的氛围中收获知识，提高独立分析问题、解决问题的能力，让机器人伴随中国儿童健康、快乐地成长。

编著者

目　录

第1课 准点到达

小朋友们好，我是布丁博士。今天我要带着大家搭建一个机器人小车，让它能够在规定的时间内到达目的地，实现**准点到达**。这节课中我们会用到物理学中**时间、距离和速度的关系换算**和几何学中**两点确定一条直线**的知识来搭建机器人，还会用到编程模块中的**移动转向模块**来给机器人编程。好了不多说了，赶紧开始今天的课程吧！

扩展知识

擎天柱，你能 2 分钟走完 100 米的距离吗？

博士放心，我以 50 米 / 分钟的速度走路前进，一定**准点到达**！

—— 100 米 ——

小柱，你知道距离、速度、时间有什么关系吗？

呃，我走的速度越快，或者时间越长，我走的距离就越远！

是的！距离、速度和时间的具体关系是：

距离 = 速度 × 时间

呃，so easy！我明白了。那小朋友们我们一起想一想：

一辆机器人小车 1 秒钟走了 10cm，那么 3 秒钟能走多少 cm？

答案是：（　　）cm

如果小车 2 秒钟走了 10cm，那么 3 秒钟能走多少 cm？

答案是：（　　）cm

聪明的小朋友，你答对了吗？

搭建知识

聪明的小朋友们，搭建机器人之前，我们先仔细观察图 1 中的梁至少需要几个销才能固定？答案是：（　　）个

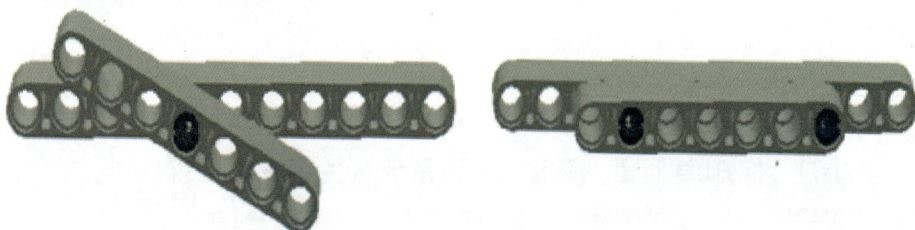

图1

搭建知识

答案是：至少 2 个销固定一根梁。小朋友们你答对了吗？

其实这就是几何学中两点确定一条直线的知识。

大家都知道在数学中，过一个点能画很多条直线，但过两个点只能画一条直线。

我们可以把图 1 中的销看作点，梁看作直线，如果你用一个销来固定梁，梁就会绕着这个销旋转，用 2 根销就把梁牢牢固定住了。

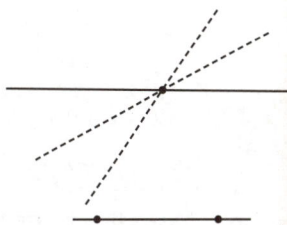

小 知 识

梁：是搭建的基础，就像房梁一样重要，没有梁我们是没有办法搭建作品的。

销：起到连接和固定的作用，它可以连接或固定两个带有孔的积木块。

轴：是用来将电机的动力传输出来，起到传动的作用；并且可以连接带有"+"孔的积木块。

趣味 小几何

用两个钉子就可以把木条固定在墙上——经过两点有且只有一条直线。

编程知识

小柱，下面我们要开始编程了。你知道这是什么编程模块吗？

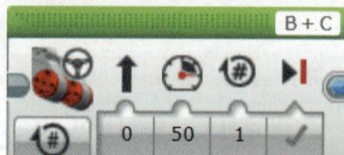

`B + C`　`0`　`50`　`1`

这还能问住我！这是**移动转向模块**，用来同时控制两个大型电机的模块；它可以让电机按时间、圈数或者角度来转动，而且还可以调节转向参数来让机器人实现转弯。小朋友们，你们明白了吗？

试一试

小柱你真聪明！那下面同学们和擎天柱一起根据老师讲解的编程思路，试着画一画**程序的流程图**吧！

练一练

小朋友们，今天的课程结束啦，我们一起做几个小练习吧。

1. 下列哪一项不是机器人的特点？（　　）
   A. 能到处跑
   B. 有传感器
   C. 没有电也能动
   D. 人可以对其编程

2. 我们通过设定 模块的参数可以让机器人小车以什么方式

   运行？（　　）
   A. 以一定的时间、距离、功率运行
   B. 以一定的时间、功率、速度运行
   C. 以一定的时间、角度、圈数运行
   D. 以一定的时间、距离、圈数运行

3. 小朋友们，假设小车以功率 60 的速度前进 5 秒，用老师讲解的知识，和我一起把下面的模块内容补充完整吧。

我叫什么模块？（   ）

A. 循环模块　　　　　　B. 切换模块　　　　　C. 移动转向模块

✕　关闭 _____

↻　开启 _____

⊕　这是什么？　（开启指定_____）

⊕　这是什么？　（开启指定_____）

⊕　这是什么？　（开启指定_____）

秀一秀

作品合影照片粘贴处

第2课 定点停车

小朋友们好，我是布丁博士。今天我们要搭建一个带有颜色传感器的机器人小车，它能够在颜色传感器扫描到黑线时停止运行，实现定点停车。这节课中我们会用到物理学中光的反射和几何学中过不在同一直线上的三点有且只有一个平面的知识；还会用到编程模块中的等待模块来给机器人编程。好了不多说了，赶紧开始今天的课程吧！

扩展知识

小柱，你知道人们为什么在夏天喜欢穿浅色的衣服，而在冬天喜欢穿深色的衣服吗？

因为夏天穿浅色的衣服会比较凉快，冬天穿深色的衣服会比较暖和。可是我不明白这是什么道理？

这其实是光的反射的缘故，所有物体都可以反射太阳光。太阳光照到镜子表面的时候我们看镜子时会觉得很刺眼，这就是光的反射现象。太阳光不但有亮度，还有热量，所以照到我们身上会觉得暖暖的。

你知道吗？

如果物体是浅色的，尤其是白色的时候，反射出去的光会很多，吸收的热量会很少，所以我们穿白色的衣服会感觉很凉快；
如果物体是深色的，尤其是黑色的时候，反射出去的光会很少，吸收的热量会很多，所以我们穿黑色的衣服会感觉很暖和。
小朋友们，你们清楚了吗？

小朋友们，今天机器人实现定点停车，就是用到了光的反射。我们会用到颜色传感器 里面的 **比较反射光强度**。

搭建知识

小朋友们，搭建机器人之前，我们先仔细观察下图中左右两个小车有什么不同？

左边的小车只有左右两侧车轮，所以是前面高，后面低的不平衡状态，小车不能正常移动；右边的小车在三个点的支撑下是平衡的。这其实就是几何学中的：过不在同一直线上的三点，有且只有一个平面的知识。两个车轮（A、C）和万向轮（B）可以看作不在同一直线上的三个点，它们组成了一个平面。在同一平面上三个点的支撑下，小车就可以正常移动了。

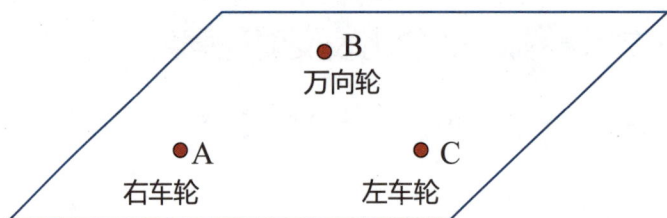

趣味小几何

小朋友们，生活中的自行车可以平稳地放在地上，其实就用到了上面的几何知识，车脚撑和两个车轮同时支撑在地上，自行车就可以稳稳地立住了。

编程知识

小朋友们，下面的编程环节我们会用到等待模块。

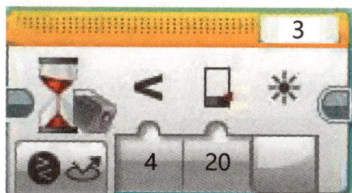

博士，这个我知道，我来告诉小朋友们吧：程序在执行到等待模块时，机器人会保持上一个模块的工作状态，一直等到等待模块设定的任务完成时才继续执行下面的程序模块。比如我们今天的编程：程序就是要等待颜色传感器检测反射光强度，检测到的反射光值小于 20 的时候，再执行后面的移动转向模块。

小 知 识

当等待模块工作在具有阈值输入的传感器比较模式时，等待模块会连续从传感器读取数据，并将其与指定的阈值进行比较。模块在阈值比较为"真"时停止，开始执行下一个程序模块。例如：等到颜色传感器检测到反射光线强度小于 50 时，开始执行下一个程序模块。

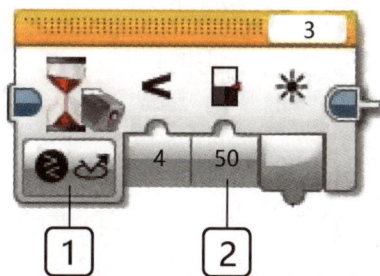

① 模式选择器
② "阈值"输入
阈值：就是临界值。在这里是指颜色传感器能检测到反射光强度的最大值。

试一试

下面同学们和擎天柱一起根据老师讲解的编程思路，试着画一画程序的流程图吧！

练一练

小朋友们，今天的课程结束啦，我们一起做几个小练习吧。

1. 这节课中我们用到了下面哪两个编程模块进行编程？（　　）

A. 循环模块、移动转向模块　　　B. 切换模块、等待模块

C. 移动转向模块、等待模块　　　D. 移动转向模块、切换模块

2. 根据课程知识，想一想下列哪种颜色最亮（反射光强度最大）？（　　）

A. 黑色　　　　　B. 红色　　　　　C. 绿色　　　　　D. 白色

3. 如果颜色传感器在浅色桌面检测到的反射光强度是 53，检测到黑线时反射

光强度是 6，等待模块颜色传感器的阈值[图]应

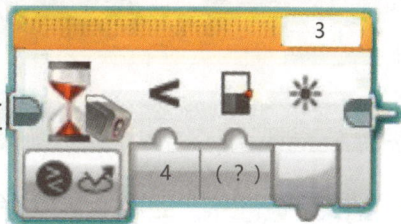

该是下面哪一个？（　　）

A.65　　　　　　　B.18　　　　　　　C.30　　　　　　　D.59

秀一秀

作品合影照片粘贴处

第3课 飞蛾扑火

小朋友们好，又和大家见面了。今天我要带着大家搭建一个带有颜色传感器的机器人小车，它能够检测环境光线的强度，自动沿光线最亮的方向前进，来模拟飞蛾扑火的过程。搭建过程中会学习相对稳定的可活动结构，还会用到等待模块中的判断颜色传感器状态来给机器人编程。好了不多说了，赶紧开始今天的课程吧！

扩展知识

布丁博士，夜晚的时候会有飞蛾在火的周围飞，有时它们会扑到火上面，这是为什么？

这是因为飞蛾在夜里活动是靠月光辨别方向的。当有更亮的光源，比如火光出现的时候，就对飞蛾造成干扰，最终飞蛾就飞向更亮的光源，造成了飞蛾扑火的现象。

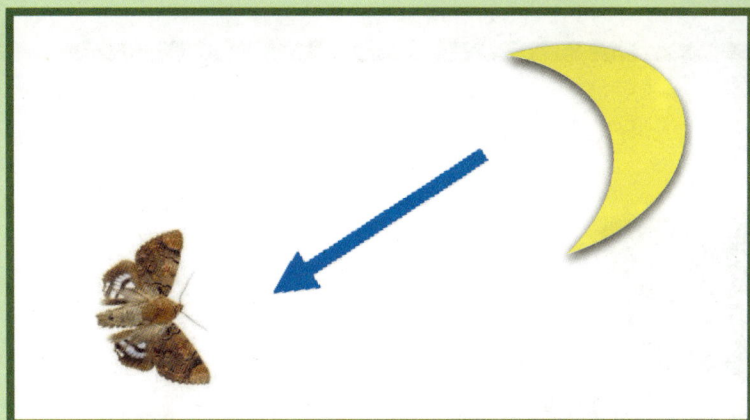

**趣味
小几何**

亿万年来，夜晚活动的飞蛾等昆虫都是靠月光和星光来导航的。因为是极远光源，光到了地面可以看成平行光，能作为参照来做直线飞行。注意，蛾子只要按照固定夹角飞行，就可以直线飞行，直飞才最节省力气的。角度稍微一调整，就可以直飞另一个目标。

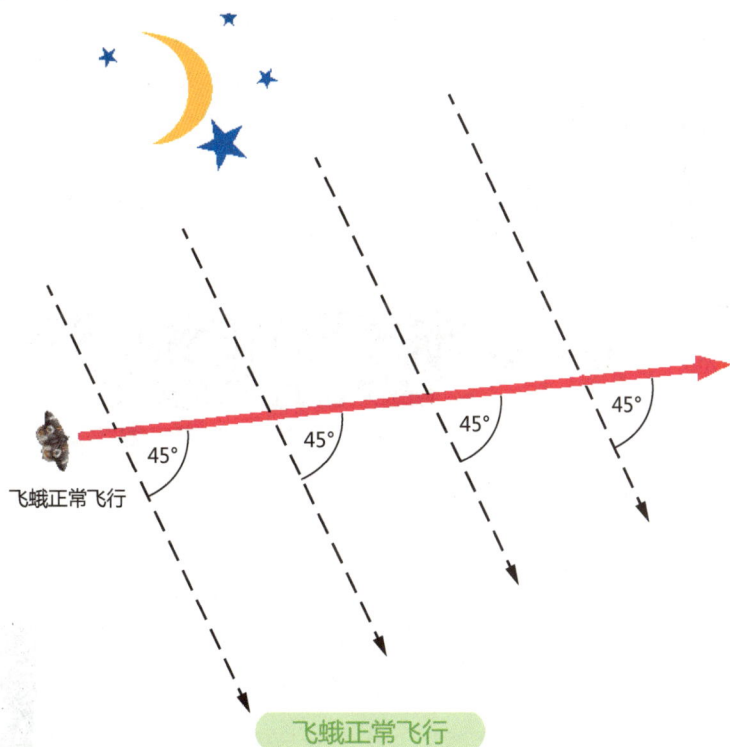

飞蛾正常飞行

45° 45° 45° 45°

飞蛾正常飞行

飞蛾扑火飞行

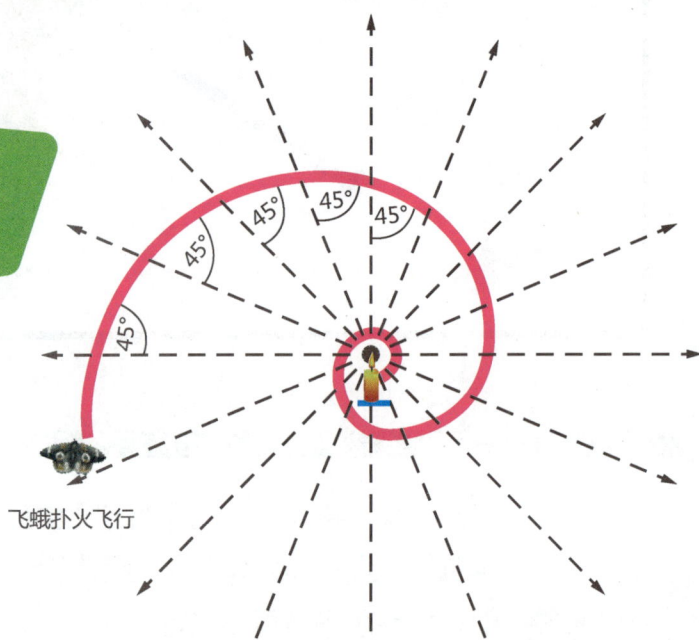

飞蛾本能地同光源保持固定角度飞行

趣味 小几何

可是，如果光源离得很近，比如火把或蜡烛，光线成放射状，飞蛾还以为按照与光线的固定夹角飞行就是直线运动，结果越飞越糊涂，飞成了等角螺线，飞到火里去了，这种现象还被人类称为昆虫的正趋光性。

搭建知识

小朋友们，搭建之前我们先认识下两种不同颜色的轴销，你知道它们有什么区别吗？

教授，我知道：蓝色轴销摩擦力较大，可以起到固定的作用，我们通常叫它摩擦销。黄色的是滑销，很光滑，可以在孔中自由转动。在只用一根轴销固定梁的情况下，摩擦销固定效果要比滑销固定效果好。

回答正确！那今天我们搭建时需要让颜色传感器旋转一定角度后固定在一个方向：

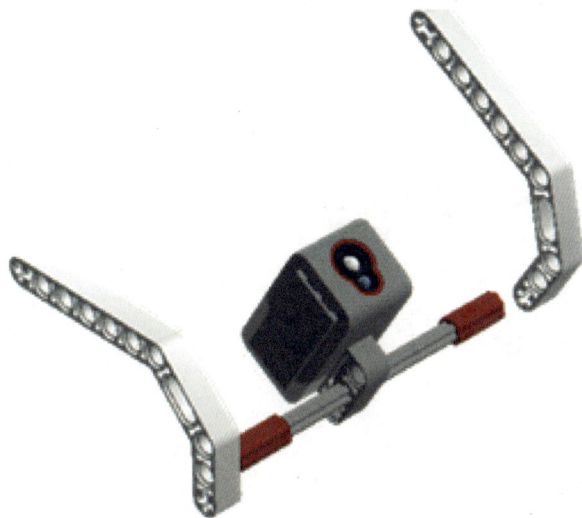

小朋友们，我们该选哪种轴销来连接轴连接器和 3*7 双角梁呢？
（   ）

A.　　　　　　　　　　　　　　　B.

编程知识

小朋友们，下面我们要开始编程了，你们知道下图是什么编程模块吗？

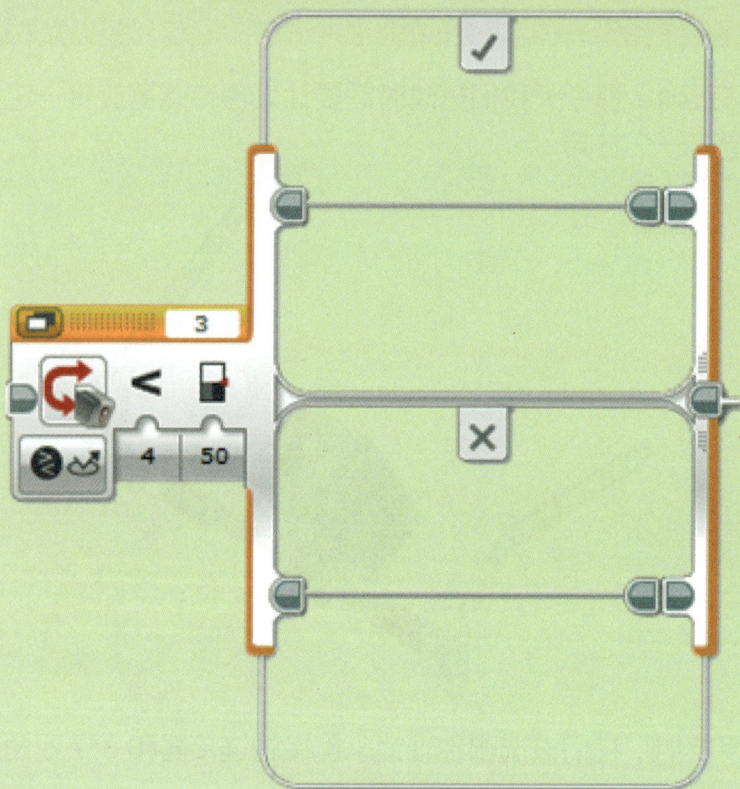

这还能问住我！这是**切换模块**，可以通过**颜色传感器**来判断**环境光**的强弱，在切换模块的上下分支添加移动转向模块，来控制小车的前行或停止。在模块中，"50"是我们选定的临界值。在这节课的编程中**当颜色传感器检测到环境光强度小于50时，小车停止；当环境光强度大于等于50时，小车前行。**小朋友们，你们明白了吗？

试一试

正确！那下面小朋友们和擎天柱一起根据老师讲解的编程思路，试着画一画程序的流程图吧！

练一练

同学们，今天的课程结束啦，我们一起做几个小练习吧！

1. 飞蛾扑火这节课中，我们用到了切换模块中颜色传感器的选项，来执行（　　）命令。

　A. 测量颜色　　　　　　　　　　　　B. 比较颜色

　C. 比较反射光强度　　　　　　　　　D. 比较环境光强度

2. 路灯到夜晚时会自动亮起，到天亮时又会自动熄灭。想一想是用到了下面的什么知识？（   ）

A. 颜色传感器测量颜色   B. 颜色传感器比较环境光强度

C. 温度传感器比较温度   D. 计时器比较时间

3. 小朋友们，机器人小车用颜色传感器来检测反射光强度。

传感器检测到黑线时，颜色传感器显示反射光强度值是：

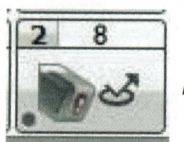

传感器检测到空白地面时，颜色传感器显示反射光强度值是：

假如小车在空白地面上直行，当检测到黑线时向左转弯，我们一起将下面的图补充完整吧。

① 处阈值应该填（   ）。

  A.12   B.30   C.8   D.50

② 处应该填的模块是（   ）。

③ 处应该填的模块是（   ）。

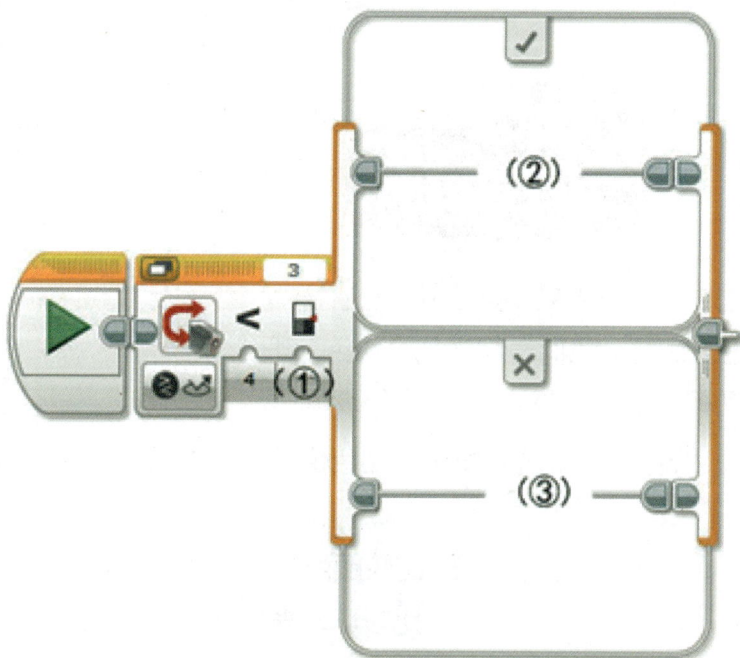

秀一秀

作品合影照片粘贴处

第4课 循规蹈矩

嗨！小朋友们好，我们又见面啦。今天我要带大家搭建一个带有颜色传感器的机器人。颜色传感器可以识别黑线，机器人通过颜色传感器能实现循线行走。我们通过调整移动转向模块中的转向角度参数和功率参数来给机器人进行编程。好了不多说了，赶紧来看看今天的课程吧。

扩展知识

布丁博士，餐厅中的送餐机器人是怎样准确地将食物送到餐桌上的呢？

其实送餐机器人是通过颜色传感器，沿着铺设好的黑线轨道将食物准确无误地送到我们餐桌上的。送餐机器人的工作方式我们一起了解一下吧。

送餐机器人还有哪些送餐方式

　　送餐机器人还可以通过磁条感应沿着固定线条滑行。运用光学磁条感应技术，工作人员将顾客点的菜放入机器人餐盘里，将指令传达给机器人，机器人就会根据座位编号，准确无误地把饭菜送往各个餐桌。到达指定餐桌时，机器人会停下来，直到顾客取走饭菜。遇到有人挡路，机器人还会提醒："我正在送餐，麻烦你避让。"

　　新型无轨视觉导航送餐机器人是根据餐厅面积和楼层高度，来安装机器人视觉能识别的航标，并设定餐桌位置及转弯位置，由此形成机器人可识别的电子地图。根据此地图机器人形成自动记忆导航并沿着航标指引方向准确无误地到达餐桌，完成送餐任务。

搭建知识

　　小朋友们，下面我们要开始搭建机器人了。机器人在循线行走时要求颜色传感器与要检测的黑线有一定距离，不然会检测不准确。那么，颜色传感器怎样才能更好地识别黑线呢？

我知道，颜色传感器和要检测的黑线之间的距离为 **1 个乐高单位** 时检测比较准确。

回答正确！我们通常把乐高积木孔梁上一个孔的距离定义为 **1 个乐高单位**。

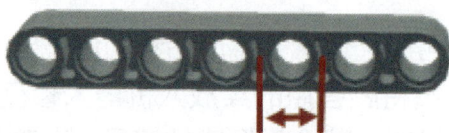

1 个乐高单位

所以，颜色传感器和黑线之间只要距离一个孔就可以了。

积木中轴的长度也可以用乐高单位来表示：

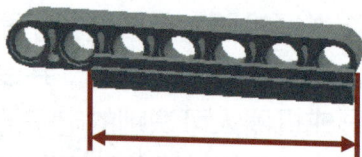

5 单位轴

小朋友们，请问 是（ ）单位轴？

A.1　　　　　B.2　　　　　C.3　　　　　D.4

编程知识

小朋友们，下面要开始编程了。小车循线行走时，**颜色传感器** 相对于黑线有两种状态：检测到黑线和检测不到黑线。那么我们怎么让小车沿着黑线的边缘前行呢？

很简单，我们按需要去调节**移动转向模块**的**转向角度参数**和**功率参数**就可以了。不过，要注意**转向角度参数**和**功率参数**不能太大或者太小，要通过小朋友们的多次调节去找到合适的参数。

小知识

如何去调节参数

我们打开移动转向模块，点击"↑"下方的参数会出现像下面一样的图标，我们可以左右滑动滑块来修改转向角度参数。

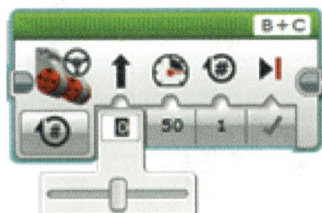

也可以选中"↑"下面的参数"0"，在键盘上输入"74"后，按"Enter"键修改参数。

下面小朋友们试着调节一下机器人的功率参数吧。

试一试

下面，小朋友和擎天柱一起根据老师讲解的编程思路，试着画一画**程序的流程图**吧！

练一练

小朋友们，今天的课程结束啦，我们一起做几个小练习吧！

1. 送餐机器人是如何做到准确送餐的？（ 　 ）

A. 温度传感器检测温度　　　　　　B. 颜色传感器识别反射光强度

C. 超声波传感器检测距离　　　　　D. 声音传感器识别声音

2. 下列哪个选项是颜色传感器原理在日常生活中的应用？（ 　 ）

A. 自动转门　　　　　　　　　　　B. 烟雾报警器

C. 彩色数码相机　　　　　　　　　D. 电子秤

3. 小朋友们，在今天搭建的基础上我们要增加一个传感器让机器人可以在循线过程中检测到 50 厘米内有障碍物时停止。可以添加下列哪个传感器？（　　）

A.

B.

C.

D.

秀一秀

作品合影照片粘贴处

第5课 电动捕鼠

　　Hi，小朋友们，今天我们要搭建一个带有触动传感器的智能捕鼠机器人，它能够在"老鼠"碰到食物托盘时合上鼠夹抓住老鼠并且发出警报；当把"老鼠"从鼠夹子中移开时，自动打开老鼠夹。这节课中我们会用到物理学中杠杆的知识；还会用到等待模块中的等待触动传感器状态的知识来给机器人编程。好了不多说了，赶紧开始今天的课程吧！

扩展知识

　　小柱，你知道这是什么传感器吗？

　　这不是教具里面的触动传感器吗？他有按压 ➡️❚❙、松开 ⬅️❚❙、碰撞 ⬅️➡️❚ 三种工作状态。通过按压或者松开来给控制器发送信号，控制器通过发送来的信号判断要执行哪一个程序。

触动传感器是可以按下、弹起的。生活中有很多类似触动传感器的例子，比如：

控制电灯的墙壁开关：通过按下、弹起来实现开关电灯。

电饭煲面板上的按键：不同的按键可以设定不同的时间。

搭建知识

小朋友们，搭建之前考考你们：下图中搬运箱子的时候用到了什么知识？

我知道，用到了杠杆原理。人们把木棒用绳子固定，一头吊装箱子，一头用力移动，就把箱子搬运上船了。因此人们利用杠杆来搬运货物非常省力。

对，这就是一个杠杆。在生活中根据需要，杠杆可以是任意形状的。杠杆绕着转动的固定点叫作支点（O），推动杠杆运动的力叫作动力（F_1），阻碍杠杆运动的力叫作阻力（F_2）。施加动力的一端到支点的距离是动力臂（L_1），施加阻力的一端到支点的距离是阻力臂（L_2）。图中：将木棒固定的绳子就是支点，人们给木棒施加的是动力，吊装的箱子给木棒施加的是阻力。

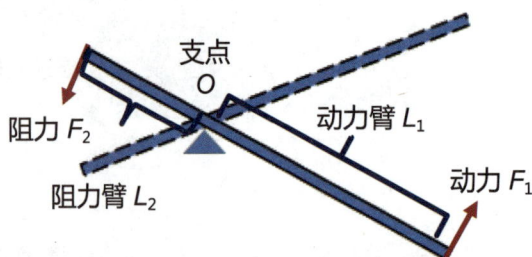

今天要搭建的捕鼠器的食物托盘也利用到了杠杆知识：当"老鼠"碰到托盘时，杠杆（15 孔梁）就绕支点转动，孔梁另一端就抬起碰撞到触动传感器。

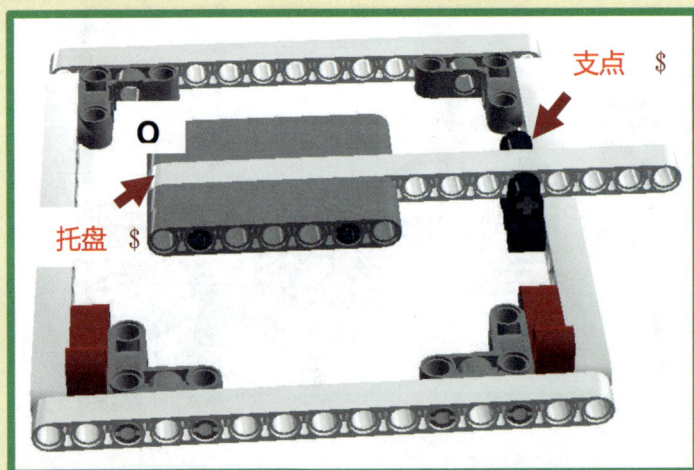

你知道吗？

阿基米德是伟大的古希腊哲学家、百科式科学家、数学家、物理学家、力学家，静态力学和流体静力学奠基人，并且享有"力学之父"的美称，阿基米德和高斯、牛顿并列为世界三大数学家。阿基米德最早提出了杠杆原理，他曾说过："给我一个支点，我就能撬动整个地球。"

编程知识

小朋友们，下面的编程环节我们会用到等待模块中判断触碰传感器状态。

哦，我明白了，我们今天的程序就是要等待模块检测到的触动传感器被按下或者松开的时候，再执行后面的移动转向模块。也就是说，当"小老鼠"偷吃，碰到食物托盘时杠杆抬起按下触动传感器，电机开始转动，夹住"老鼠"；当"老鼠"被移走时，杠杆落下，触动传感器松开，电机转动，打开鼠夹。

小 知 识

等待模块和切换模块的区别：

等待模块使机器人程序按顺序执行下一个程序模块时等待某种事件被触发。就好像我们要先写完作业才能上床睡觉一样，上床睡觉之前，我们要一直进行我们的工作，等待模块不会使机器人停止。如果有任何电机在等待模块开始时运行之前开启，则这些电机会在等待过程中保持开启状态。

切换模块是让机器人想一想，再做决定的编程模块；切换模块运行时先进行运行条件的判断，例如：超声波传感器先判断障碍物是否在 50 厘米之内，机器人要判断的只有两种情况：若障碍物在 50 厘米之内，执行上分支"√"；否则，执行下分支"×"。每当执行切换时，只会运行一种情况。

试一试

下面，小朋友们和擎天柱一起根据老师讲解的编程思路，试着画一画**程序的流程图**吧！

练一练

小朋友们，今天的课程结束啦，我们一起做几个小练习吧！

1. 这节课中控制电机转动让鼠夹夹住老鼠或者松开老鼠的编程模块是
（ ）。

    A. 循环模块　　　　　　　　　　B. 切换模块

    C. 移动转向模块　　　　　　　　D. 大型电机模块

2. 这节课我们讲到了触碰传感器的哪几种工作状态？（ ）

    ➡▋▋（ ）　　　◀▋▋（ ）　　　◀➡▋▋（ ）

    A. 碰撞　　　　B. 松开　　　　C. 按压　　　　D. 拖曳

3. 小朋友们，假如触碰传感器松开后，电机以 20 的功率反转 2 圈，我们
一起把下面的图补充完整吧。

（1）处应该填哪一个图标呢？（　　）

A. ➡▮▮　　　　　B. ⬅▮▮　　　　　C. ⬅➡▮▮

（2）处功率应该是哪一个选项？（　　）

　　A.20　　　　　　B.2　　　　　C.-2　　　　　D.-20

（3）处我们应该填哪一个数字呢？（　　）

　　A.20　　　　　　B.2　　　　　C.-2　　　　　D.-20

4. 小朋友们，这节课我们讲到了等待模块和切换模块的区别。我们一起想一想：

一辆带有　　　　、　　　　的机器人小车，以　　　　的速度直行，当超声波传感器检测到 20 厘米范围内有人时，小车停止前进，然后以　　　　速度运行，当触动传感器按下时，小车停止。看看下面的编程哪一个是正确的？（　　）

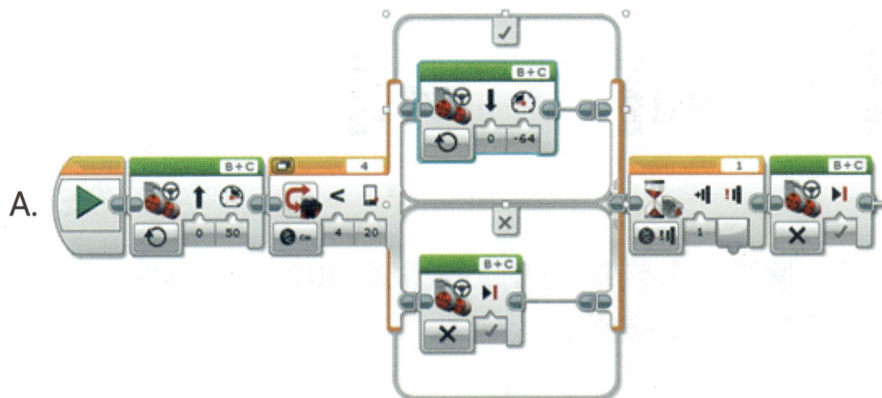

A.

B.

秀一秀

作品合影照片粘贴处

第6课 智能洗衣

小朋友们，今天我们要搭建一个智能洗衣机：它可以让大型电机反复旋转，按照设定好的程序来"清洗衣服"；也可以高速旋转"甩干衣服"。当"甩干衣服"时，如果我们打开"甩干桶"盖子，它会自动停止，防止我们的手受伤，就像真正的洗衣机一样。这节课中我们还会用到循环模块的循环中断条件来编程。好了，赶紧开始今天的课程吧！

扩展知识

布丁博士，洗衣机为什么能把脏衣服清洗干净？我想不明白。

洗衣机是依靠装在洗衣桶底部的波轮正、反旋转，带动衣物上、下、左、右不停地翻转。使衣物之间、衣物与桶壁之间，在水中进行柔和地摩擦，就像人用双手搓洗一样，在洗涤剂的作用下实现去污清洗。

哦，原来如此！那甩干的时候，是不是像人用双手把衣服拧干一样呢？

其实洗衣机的甩干功能是用到了物理学中离心力的原理,甩干桶中的衣服高速旋转,将水分甩出去。

你知道吗?

离心力是一种为了方便人们的理解而假设的一种力,它实际上是一种惯性力。它能使旋转的物体远离它的旋转中心。下雨天,我们旋转雨伞时,会看到水滴沿着雨伞边缘甩出,这其实就是离心力的作用,这和洗衣机甩干的原理是一样的。

搭建知识

小朋友们,搭建环节中我们会用到三叉轴 来模拟洗衣机的波轮,它也可以用来固定"洗衣桶"。图1和图2都可以固定"洗衣桶",小朋友们想一想哪种方法更好?

图1

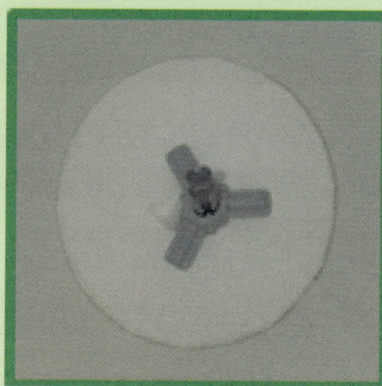

图2

大齿轮和"洗衣桶"接触面大，可以牢牢固定住"洗衣桶"；三叉轴和"洗衣桶"接触面小，虽然也起到固定的作用，但不如大齿轮牢固，但是三叉轴和真实的波轮很像，可以更好地模拟真实的洗衣机。哎呀！好矛盾呀！

哈哈，说得不错，小朋友们可以自己试试看哪种方法更好。

编程知识

小朋友们，编程环节我们会用到循环模块。循环

模块是可以让程序不断重复执行的模块：
既可以无限制地重复执行，也可以执行特定的次数，还可以执行特定的时间或者执行到传感器的某种状态被触发。下面跟擎天柱一起来学习怎么设定、修改循环模块的参数吧。

小朋友们，循环模块的右下方有"∞"图标，它表示可以让程序无限制地重复下去。如果要让程序循环 5 秒就结束循环，点击"∞"就可以修改设定参数了：选择　　时间。将时间设为"5"，这样循环模块参数就修改好了（见下图）。下面小朋友们试着自己修改一下参数吧。

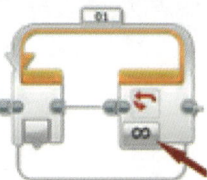

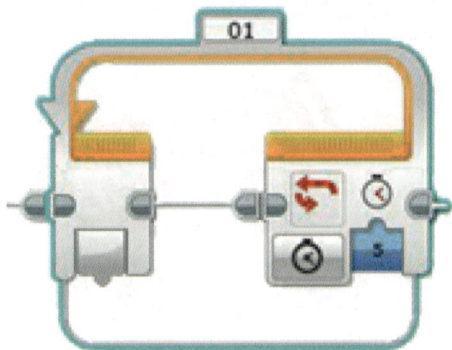

试一试

下面，小朋友们和擎天柱一起根据老师讲解的编程思路，试着画一画程序的流程图吧！

小朋友们，今天的课程结束啦，我们一起做几个小练习吧！

1. 洗衣机能甩干衣服用到了什么物理知识？（　　）

    A. 向心力　　　　　　　　　　　B. 离心力

    C. 光的反射　　　　　　　　　　D. 超声波测距

2. 小朋友们，下面的循环模块什么时候结束？（　　）

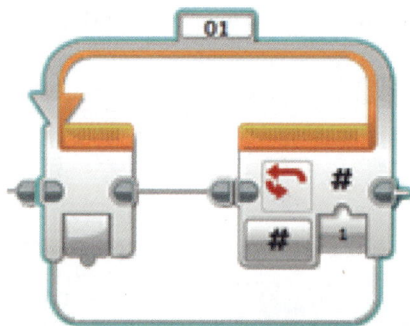

    A. 循环 1 秒　　　　　　　　　　B. 循环 1 次

    C. 循环 1 圈　　　　　　　　　　D. 无限制

3. 假设洗衣机电机以功率 50 的速度正转 1 圈、反转 1 圈地循环转动，当
　触碰传感器被按压时停止转动，那么下面哪个程序是正确的？（　　）

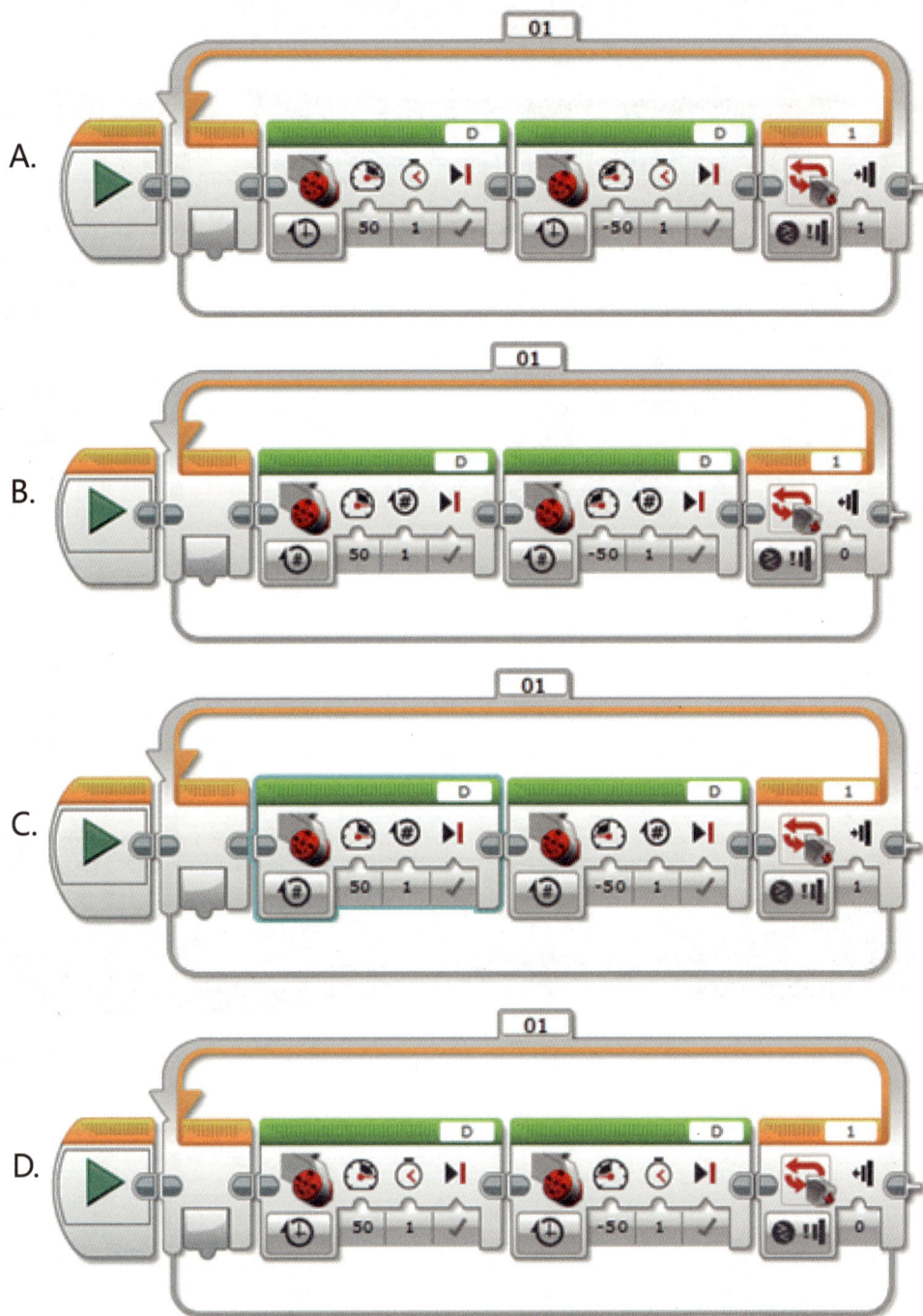

A.

B.

C.

D.

秀一秀

作品合影照片粘贴处

第7课 智能晾衣

Hi，小朋友们，今天我们要搭建一个带有颜色传感器的智能晾衣架，它能够在晴天自动帮助我们晾衣服，在阴天下雨的时候可以将衣服自动收回来，实现智能晾衣！本节课中我们会学习到三角形和四边形的结构特点；还会用到颜色传感器判断环境光强度的功能来给机器人编程。赶紧开始今天的课程吧！

扩展知识

小柱，今天天气晴朗，快来帮我晾晒衣服吧。

好的，博士。我发现晴天晾衣服干得很快呀！

不错，晴天的时候一般是阳光明媚，温度比较高，空气干燥，衣服上的水分蒸发比较快，所以晴天衣服会干得快。连绵的阴雨天，空气湿度大，温度也低，所以不容易干。小朋友们，你们知道了吗？

搭建知识

小朋友们，搭建之前我们先看看下面两幅图，拉一拉你会发现什么？

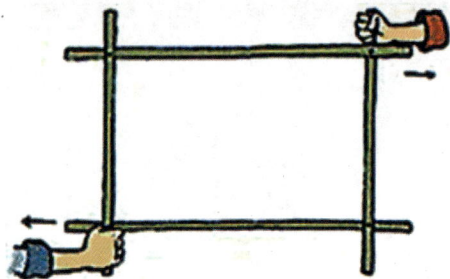

图1

图2

我知道，四边形拉一拉会变形，三角形会很稳定。

不错，三角形具有稳定性，我们拉动它不会变形。现实生活中有很多三角形稳定性的例子：

四边形不稳定，拉一拉它就会变形，如果在四边形木架上再钉上一根木条，把它的一对顶点连接起来，四边形就变成了两个三角形。然后再扭动它，发现四边形已经变得很稳固。

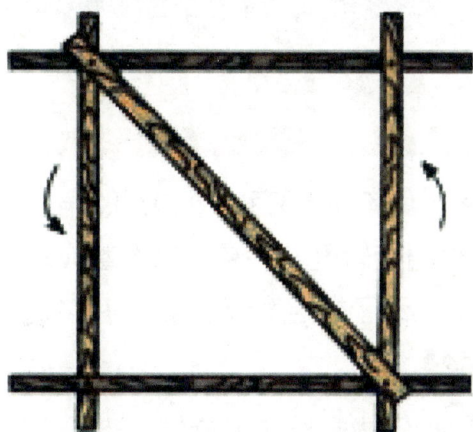

小朋友们，你们知道三角形和四边形都有什么特性了吗？

编程知识

小朋友们，要想让衣架实现自动晾衣功能，需要让大型电机转动一定角度后停止，我们一起看看怎样用程序来实现。

布丁博士，我知道。我们需要设置大型电机的参数：开启指定度数，比如，我们要让电机以功率 50 转动 900 度，可以改成下面的样子：

不错，其实大型电机的内部有一个内置的角度传感器。这个传感器会测量大型电机的旋转度数。当我们设置成开启指定度数时，模块会等到电机恰好转动了指定度数，然后程序才继续执行下一个模块。

如果将度数 设置成 360 度旋转，电机会转动一整圈。小朋友们可以做一个标记，将角度设置为 360 度，看看电机的停止位置是否与原位置重合。

试一试

下面小朋友们和擎天柱一起根据老师讲解的编程思路，试着画一画**程序的流程图**吧！

练一练

小朋友们，今天的课程结束啦，我们一起做几个小练习吧！

1. 这节课我们学习了三角形和四边形的稳定特性，下列说法正确的是？
（　）
A. 三角形比四边形稳定　　B. 四边形比三角形稳定
C. 它们一样稳定　　D. 以上都不对

2. 本节课中，我们搭建的智能晾衣架用到了颜色传感器的哪个功能？
（　　）

    A. 颜色传感器检测颜色   B. 颜色传感器检测反射光强度

    C. 颜色传感器检测环境光强度   D. 以上都不对

3. 假设机器人小车等待环境光强度大于 5 时以功率 80 的速度前进，等待行驶到黑暗处时（环境光强度小于 5）以功率 40 后退 500 度。无论何时当按下触动传感器后，小车停止运行。那么正确的编程应该是下面哪一项？（　　）

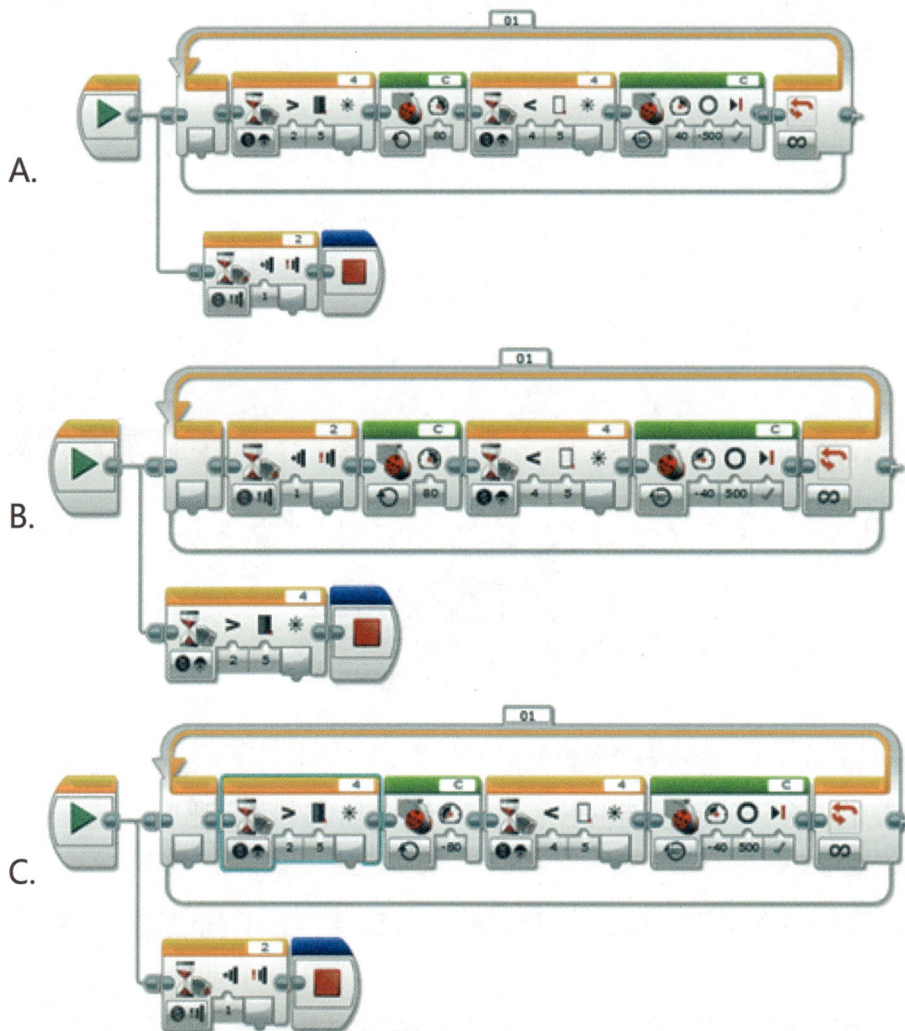

A.

B.

C.

D.

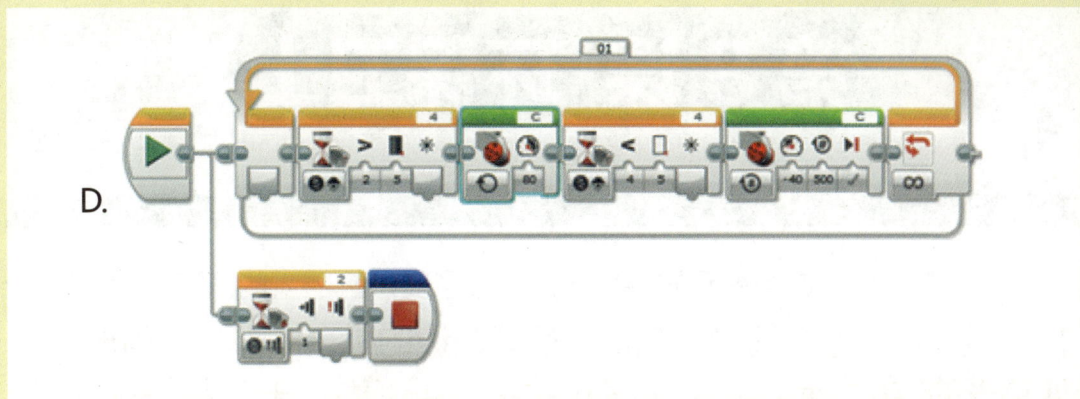

秀一秀

作品合影照片粘贴处

第8课 环保卫士

小朋友们好，这个单元的课程我们进行了复杂机器人的搭建，学习了**杠杆原理、摩擦力的物理知识，齿轮减速的机械知识和三角形、四边形的结构特点**，还学习了**有条件的循环模块、开始模块的多分支结构和电机角度传感器的知识**。这节课我们要利用学过的知识，大家发挥想象搭建一个智能垃圾桶：当有人靠近垃圾桶丢垃圾时，它会自动打开盖子；当人走远时，会自动关闭盖子。下面赶紧开始今天的课程吧。

扩展知识

布丁博士，我们这节课要搭建一个智能垃圾桶。可是智能垃圾桶有什么特点呢？

智能垃圾桶其实是由先进的微电脑控制芯片、传感器、机械传动部分组成的。当人的手或物体接近垃圾桶时，垃圾桶的盖子会自动开启；垃圾投入 3 ~ 4 秒后桶盖又会自动关闭。人、物不需接触垃圾桶，非常干净卫生；还能防止各种传染性疾病通过垃圾进行传播，也可以防止桶内垃圾气味溢出。

任务分析

哦，我知道了：智能垃圾桶要检测到人是否靠近会用到超声波传感器；还要用到电机控制盖子的开合。

小柱，你说的很对。下面我们一起看看任务分析吧！

我们会用到超声波传感器来检测是否有人靠近，用大型电机来控制垃圾桶盖子的打开或者关闭。

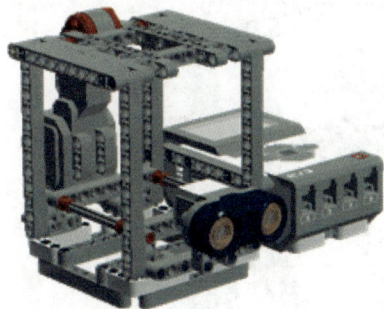

开始垃圾桶盖子是闭合状态。

当超声波传感器检测到有人靠近时，大型电机带动盖子打开；当人离开超声波传感器的检测范围时，盖子关闭。

小朋友们任务分析完了，我们要开始搭建机器人了。

智能垃圾桶的盖子是通过电机带动打开或闭合的，我们会用到铰链连接。铰链也叫合页，是用来连接两个固体并允许两者之间做相对转动的机械装置。我们家中的门也用到了合页。

智能垃圾桶的盖子是通过铰链结构连接在支架上的，轴可以在孔中转动，电机带动盖子活动。

铰链连接示意图：

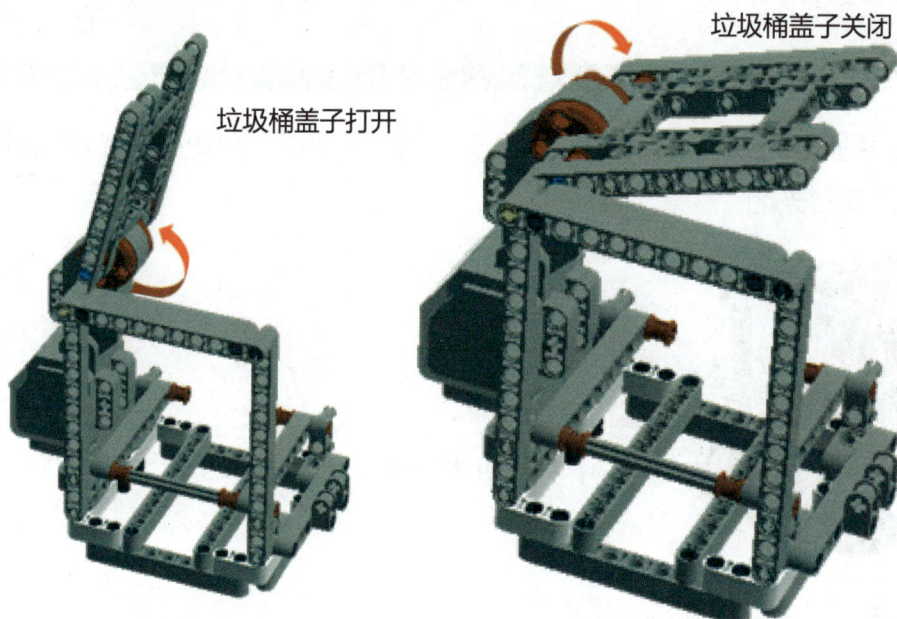

垃圾桶盖子关闭

垃圾桶盖子打开

下面小朋友们试着搭建一下铰链连接的垃圾桶盖子吧。

试一试

根据老师讲解的编程思路，小朋友们和擎天柱一起试着画一画**程序的流程图**吧。

练一练

小朋友们，今天的课程结束啦，我们一起做几个小练习吧！

1. 下列哪项不是智能垃圾桶的特点。（　　）

　A. 智能垃圾桶有传感器

　B. 人靠近时垃圾桶能自动打开盖子

　C. 智能垃圾桶不需要电也能工作

　D. 智能垃圾桶能防止桶内垃圾气味溢出

2. 这节课中智能垃圾桶的桶盖可以自由开合是用到了（　　）。

　　A. 杠杆原理　　　　　　　　　B. 三角形的稳定性

　　C. 铰链连接　　　　　　　　　D. 四边形的不稳定性

3. 假设红色垃圾代表危险品。我们为今天的智能垃圾桶添加一个颜色传感器：当有人靠近垃圾桶，盖子打开；如果检测到扔的垃圾为红色就播放声音"Red"报警；如果没有检测到红色，就什么都不做；人远离垃圾桶后，盖子关闭。正确的程序是哪一个（　　）？

A.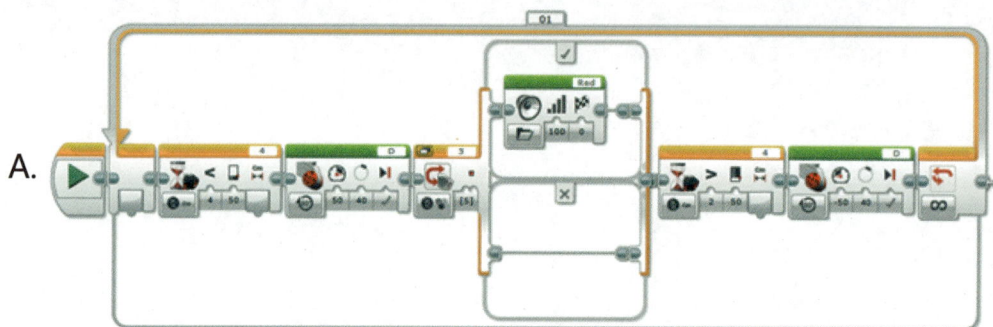

B.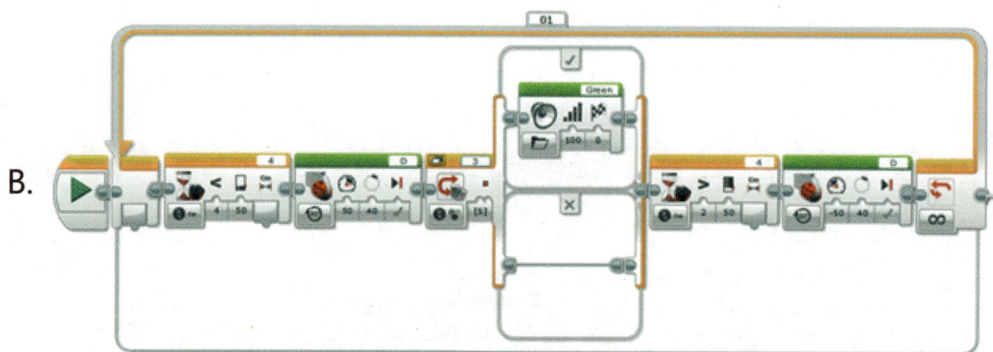

C.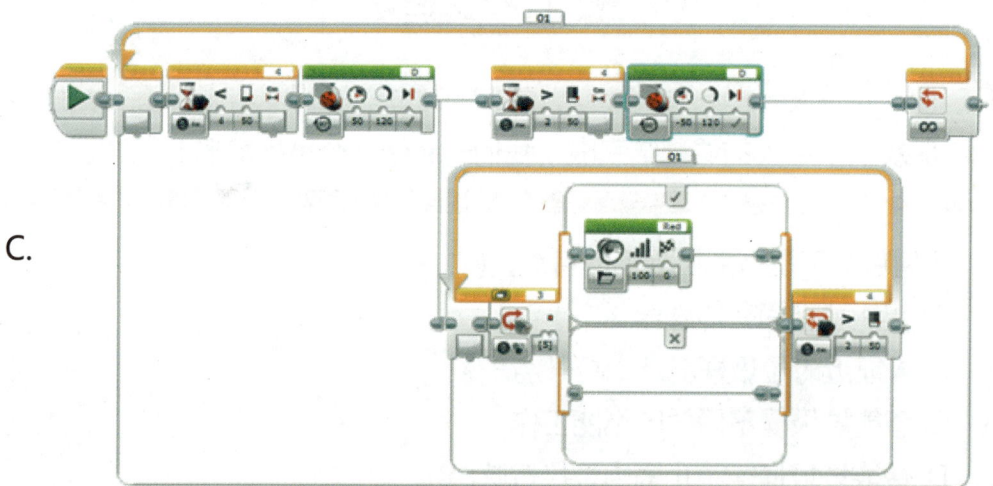

秀一秀

作品合影照片粘贴处

第9课 椅动乐趣

小朋友们好，又和大家见面了。今天我要带着大家搭建一个带有两个触动传感器的跷跷板。当跷跷板的一边触发触动传感器之后，电机就会反转，跷跷板就会一上一下地动起来了。还会用到循环模块中的多层循环结构来给跷跷板编程。好了，不多说了，赶紧开始今天的课程吧！

扩展知识

布丁博士，我听小朋友们说，跷跷板其实就是杠杆，可它是一种什么样的杠杆呢？

我们可以回想一下生活中的跷跷板，中间支点到两边的距离相等，也就是我们前面讲过的动力臂和阻力臂是相等的，所以说跷跷板是杠杆中的等臂杠杆！

化学试验中经常用到的天平，就是利用等臂杠杆的原理制成的。

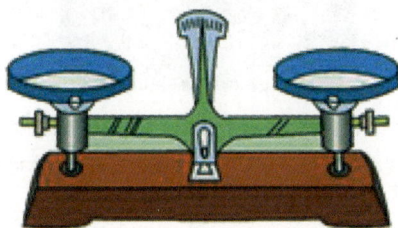

搭建知识

布丁博士，搭建完成了，但是我的触动传感器不能很好地被触发，这样，大型电机就不会反转，我该怎么办呢？

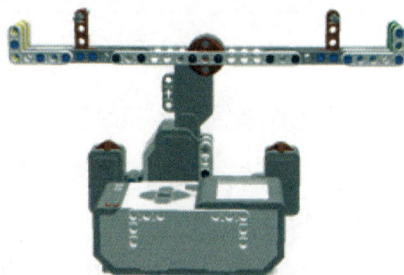

如果像你这样搭建，触动传感器和跷跷板的可触发的接触面积太小，触动传感器就不能很好地被触发，从而影响程序的运行。如果像下面这样搭建的话，跷跷板与触动传感器能更好地碰撞，这样，跷跷板就能快乐地动起来啦！

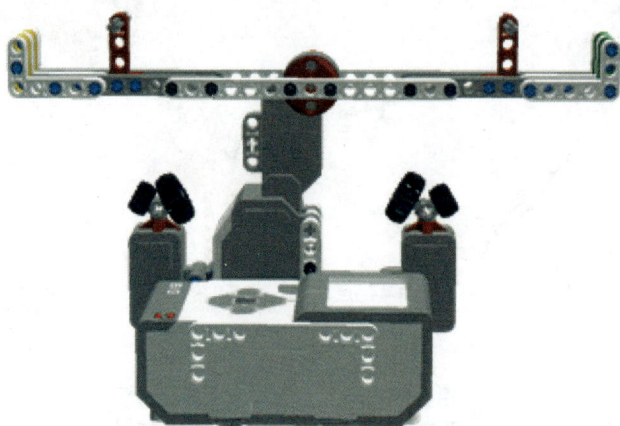

我明白了，博士。这样就可以加大跷跷板与触动传感器的可触发的接触面积啦，让跷跷板更好地触发触动传感器。

编程知识

布丁博士，电机需要正转、反转才能让跷跷板正常工作，那电机需要满足什么条件时才会反转呢？

当跷跷板的一边接触到地面时，电机会反转，如何判断跷跷板的一边已经接触到地面呢？这就需要用到等待模块里的触动传感器来比较状态。

当一边的触动传感器检测到被按压时，电机就会反转。同样，另一边的触动传感器检测到被按压时，电机会继续反转。这样就可以实现跷跷板的上下运动。

小 知 识

等待模块，是使程序在继续执行程序序列中的下一个模块之前，等待某种事件。可以等待特定时间或传感器识别的参数达到我们设定的条件等。

试一试

下面同学们和擎天柱一起根据老师讲解的编程思路，试着画一画程序的流程图吧！

练一练

同学们，今天的课程结束啦，我们一起做几个小练习吧！

1. 本节课中，用到了等待模块中的（　　）传感器，来进行（　　）比较。

    A. 颜色　环境光　　　　　　B. 陀螺仪　角度

    C. 触动　状态　　　　　　　D. 超声波　距离

2. 下列选项中哪个用到了杠杆原理？（　　）

    A.

    B.

    C.

    D. 以上选项都正确

3. 有位小朋友想用电机实现摩天轮的功能，并编写下图程序。当触动传感器被按压时，摩天轮立刻停止，分析下图程序可以实现此功能吗？为什么？

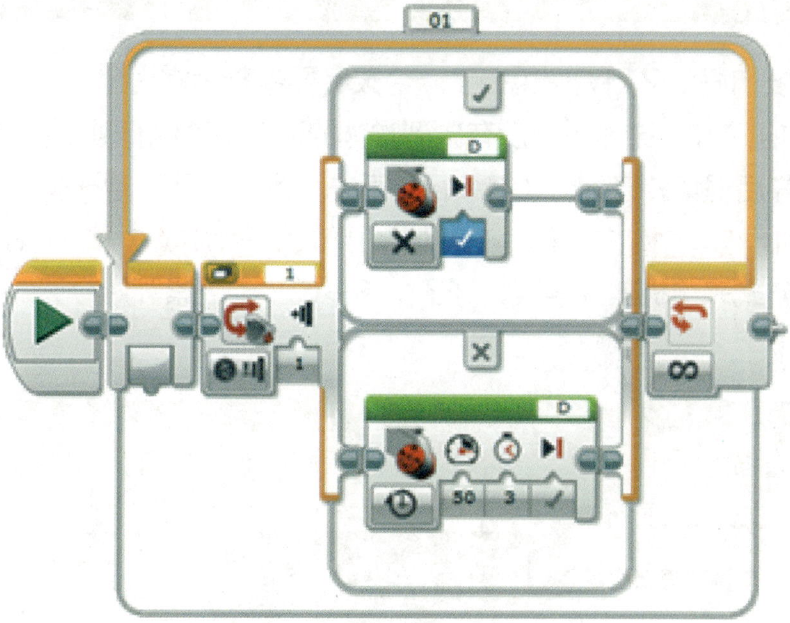

答：

秀一秀

作品合影照片粘贴处

第10课 横冲直撞

小朋友们好，又和大家见面了。今天我要带着大家搭建一个带有触动传感器的碰碰车，碰碰车在没有碰到物体的情况下直线行驶，在碰到物体时会先后退再转弯，以便继续行驶下去。我们会用到便于触发碰撞的稳定结构来进行搭建。还会用到双层切换结构的程序编写方式来给机器人编程。好了，不多说了，赶紧开始今天的课程吧！

扩展知识

布丁博士，碰碰车会经常性地发生碰撞，有怎样的防撞措施来保护碰碰车呢？

碰碰车车身周围有加宽加厚的橡胶防撞条，当有碰撞产生时会减缓碰撞冲击，来保护碰碰车。

温馨
小提示

尽管每个儿童游乐设施都需要进行谨慎的检测和维护，但是不同设施的检测部位也是不同的，比如碰碰车，周围防护是否有损坏，安全带和软性防撞垫有无损坏。软性防撞垫如果损坏，在碰撞中，会造成身体伤害，大人可能没什么事儿，但对孩子来说，直接冲撞的是脸部和手部，十分危险。

搭建知识

小柱，碰碰车在运行时，如何让触动传感器更好地发挥功能呢？

布丁博士，我知道，因为触动传感器与障碍物接触面积小，所以在碰撞发生时触动传感器并不能很好地发挥功能，所以我们可以加大触动传感器与障碍物的接触面积来使程序更好地运行。

回答正确！我们可以将一个大齿轮与触动传感器用 2 单位的轴做连接，这样就可以加大触动传感器与障碍物的接触面积。

编程知识

布丁博士，我想让小车更智能一些，左边被撞击时，小车后退右转；右边被撞击时，小车后退左转。现在我已经给小车的左右两端都加上了触动传感器，但是该如何去编程呢？

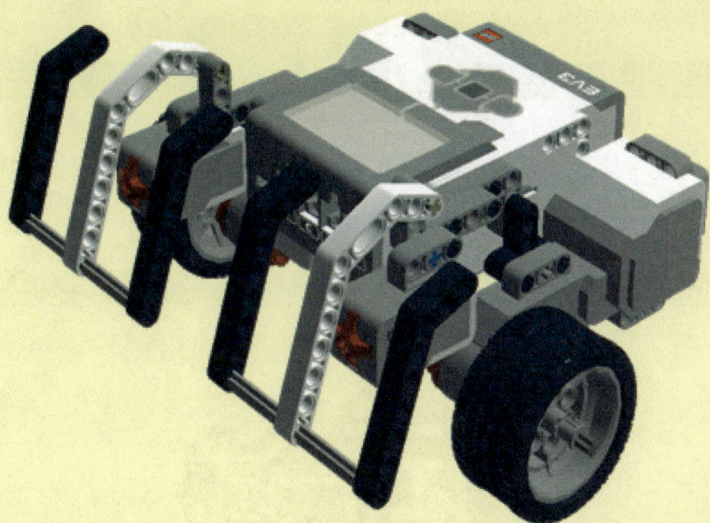

想要实现上述功能，我们的程序就需要在原有的基础上多加一个切换模块，来判断是左边被撞击还是右边被撞击。

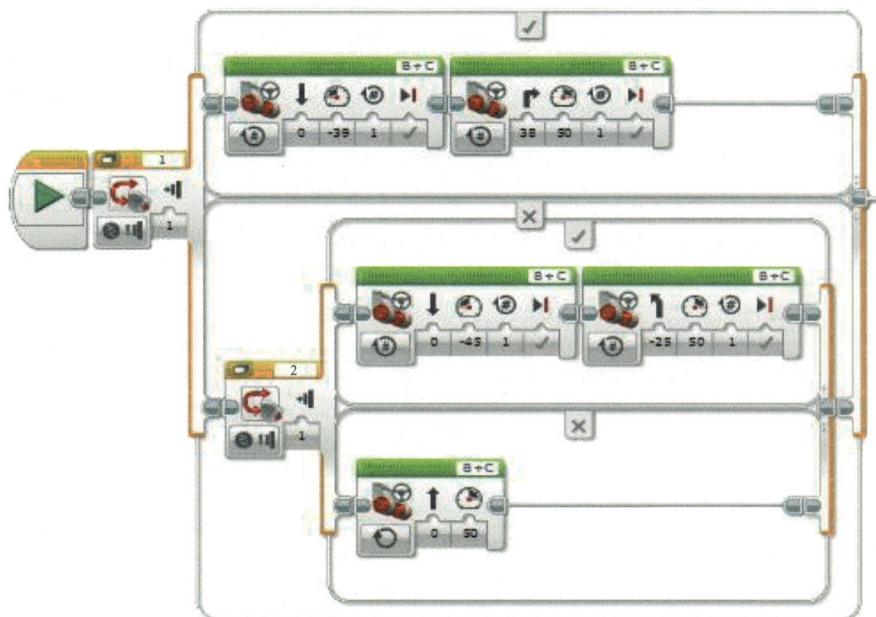

但是这个程序只能运行一次，我们要让小车一直行走，就需要在编程时加一个循环模块。

小 知 识

在一个切换模块里的任意分支里面，存在另一个切换模块。这样的程序结构叫做双层切换结构。

试一试

那下面小朋友们和擎天柱一起根据老师讲解的编程思路，试着画一画程序的流程图吧！

练一练

同学们，今天的课程结束啦，我们一起做几个小练习吧！

1. 这节课中，我们用到的是触动传感器的哪种状态？（　　）

    A. 松开 　　　　　　　　　　　B. 按压

    C. 碰撞 　　　　　　　　　　　D. 以上都可以

2. 本节课基础任务中（机器人见图1），编程的时候不用切换模块，而是使用等待模块、移动转向和循环模块，该如何进行编程？请把下列程序补充完整。

图 1　横冲直撞机器人

A. 　　　　　　　　　　　　　　　　B.

3. 如果把上题中的等待模块改为 ，那么对碰碰车的运行有

    什么影响？（　　）

    A. 碰到障碍物后一直前进　　　B. 不变　　　C. 碰到障碍物后停止

秀一秀

作品合影照片粘贴处

第11课 体操王子

Hi，小朋友们好。今天我要带着大家搭建一个带有两个**大型电机**与一个**控制器的体操机器人**。它会以单杠为圆心，做类似钟摆的运动来给机器人蓄力，实现体操单杠项目里大回环的经典动作。我们会用到**三角形具有稳定性**的特点来搭建支架，还会用到**以计数为条件的循环模块**来给机器人编程。好了，不多说了，赶紧开始今天的课程吧！

扩展知识

布丁博士，体操运动员是靠什么来完成大回环动作的呢？

这其实和我们玩的秋千有些类似，都是用到了惯性的原理。

小知识

　　物体保持静止状态或匀速直线运动状态的性质，称为惯性。一切物体都具有惯性。生活中，惯性的应用很广泛，人们有时要利用惯性，有时要防止惯性带来的危害。

（1）利用惯性的实例：
① 用力可以将石头甩出很远；
② 骑自行车蹬几下后可以让它滑行。

（2）防止惯性的实例：
① 自行车拐弯要减速，防止惯性摔倒；
② 车辆行驶时要保持车距。

搭建知识

　　布丁博士，单杠需要支撑在地面上，我们怎么做才能让单杠有更好的支撑能力呢？

在前面的课程中我们学到过，三角形具有稳定性，我们可以利用三角形具有稳定性的特点来搭建单杠的支架。

像日常生活中我们常见到的高压电线杆的支架、篮球架都用到了这个原理。

编程知识

布丁博士，前期助力阶段时，需要用到循环模块来让电机正转／反转一定的次数，该如何调节循环模块的参数呢？

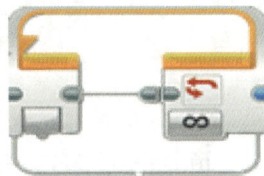

让电机一直正转／反转一定的次数后进入回环阶段，我们只需要设定前面课程讲到的循环的中断条件。像下面图示一样将条件设定为计数就可以了。

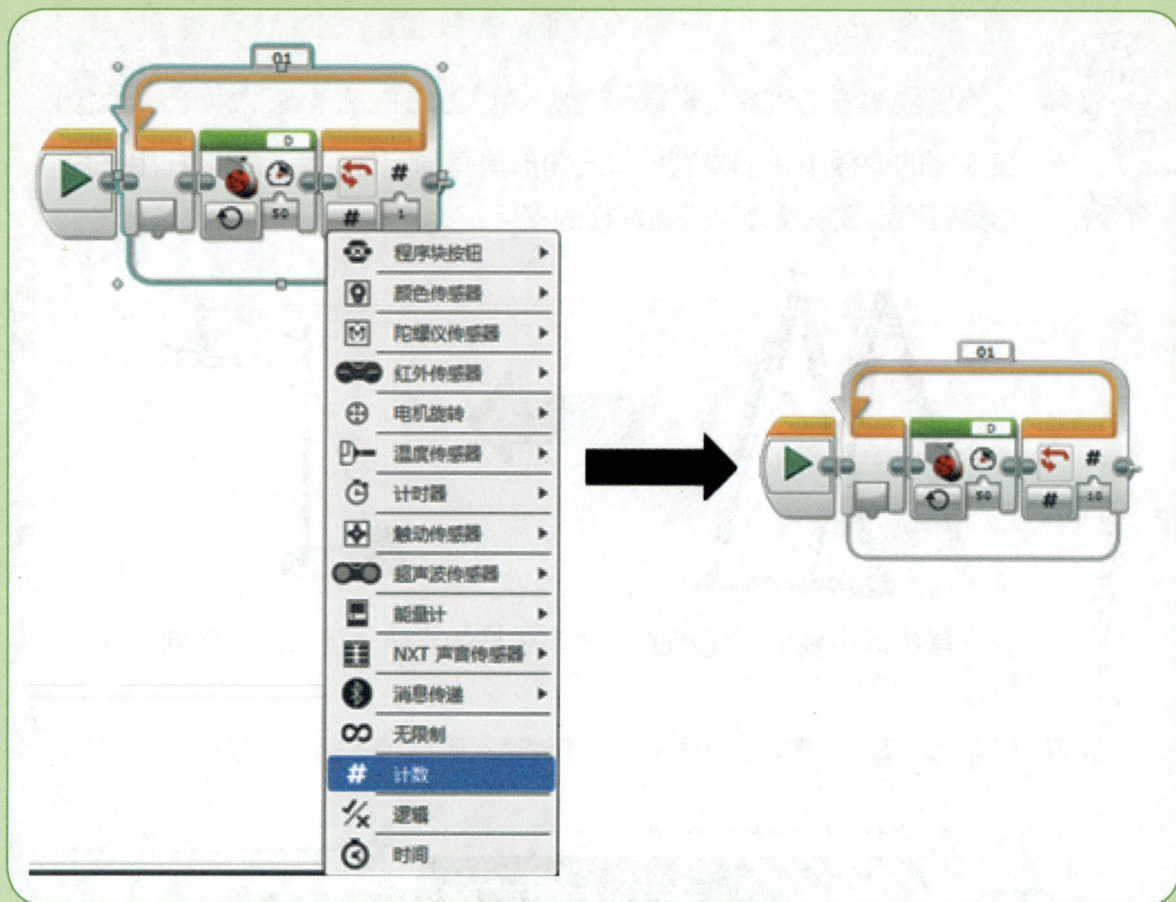

程序块按钮
颜色传感器
陀螺仪传感器
红外传感器
电机旋转
温度传感器
计时器
触动传感器
超声波传感器
能量计
NXT 声音传感器
消息传递
无限制
计数
逻辑
时间

试一试

下面同学们和擎天柱一起根据老师讲解的编程思路，试着画一画 程序的流程图 吧！

练一练

同学们，今天的课程结束啦，我们一起做几个小练习吧！

1. 惯性在日常生活中的应用十分广泛，下列哪个选项不是利用惯性的实例。
   （　　）
   A. 拍打灰尘　　　　　　　　B. 远跳前的助跑
   C. 系安全带　　　　　　　　D. 打保龄球

2. 下列选项中哪个没有用到三角形具有稳定性的特征。（　　）

   A. 　　　　　　B.

   C. 　　　　　　D.

3. 小朋友们，我需要电机向前转动 10 秒后停止，应如何设定循环模块的参数，下列选项中正确的是（　　）。

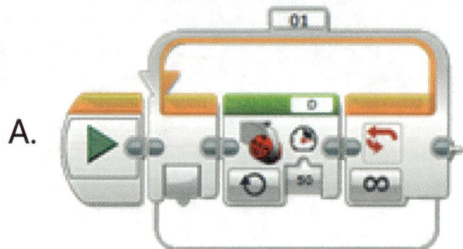

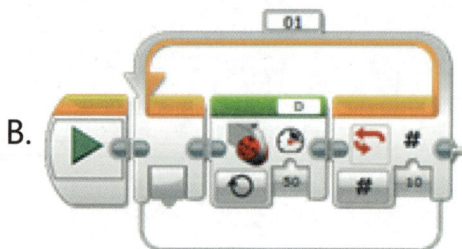

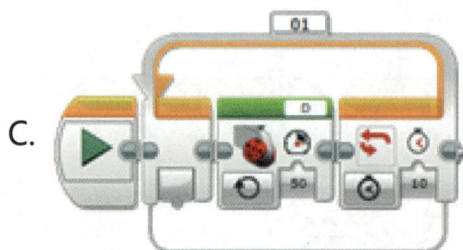

A.

B.

C.

D. 以上都可以实现

秀一秀

作品合影照片粘贴处

第12课 探路先锋

小朋友们好，又和大家见面了。今天我要带着大家搭建一个带有超声波传感器的机器人。它可以在比较昏暗的条件下避开障碍物，代替人类进行搜索工作，我们称它为探路先锋。还会用到随机模块和以数字为判断条件的切换模块来给机器人编程。好了，不多说了，赶紧开始今天的课程吧！

扩展知识

小柱，我们一起来玩掷骰子的游戏吧！

好啊，可是骰子每次投掷出的数字都是有规律的吗？

其实骰子的数字是随机出现的。在投掷骰子之前我们并不知道也不能控制骰子会出现什么数字，像这样的现象叫做**随机事件**。

小 知 识

随机事件就是事前不可预言的，即在相同条件下重复进行试验，每次的结果未必相同，或知道事物过去的状况，但未来的发展却不能完全肯定。如：以同样的方式抛掷硬币，可能出现正面向上也可能出现反面向上；走到某十字路口时，可能正好是红灯，也可能正好是绿灯。

搭建知识

布丁博士，我们开始搭建机器人了，可是为什么我们的机器人要用到履带，而没有用常见的轮子呢？履带有什么好处呢？

采用履带行走，就像给机器人铺了一条无限延长的轨道一样，使它能够平稳、迅速、安全地通过各种复杂路况，由于接触地面的面积大，因此增大了履带在松软、泥泞路面上的通过能力，不会陷下去，而且能牢牢抓住地面，不会打滑。坦克的履带就是采用这种原理的。

你知道吗？

增大接触面积，可以减小压强。

比如：铁路的钢轨不直接铺在路面上，而是铺在枕木上。

减小接触面积，可以增大压强。

比如：刀刃磨得很薄

压强：物体所受的压力与受力面积之比叫做压强，压强用来比较压力产生的效果，压强越大，单位面积上压力的作用效果越明显。

编程知识

布丁博士，在编程时我在思考一个问题，机器人在遇到障碍物时只能向一个固定的方向转弯，这样探寻道路的方式不灵活。怎么编程才能让机器人随机地探索道路呢？

我们要让机器人在遇到障碍物后，随机地向左或向右转弯，可以使用编程模块里的随机模块和切换模块来完成。

随机模块可以输出随机的数字，输出的数字可以输入到切换模块。

而切换模块可以根据对数字的判断来选择相应的分支去执行。

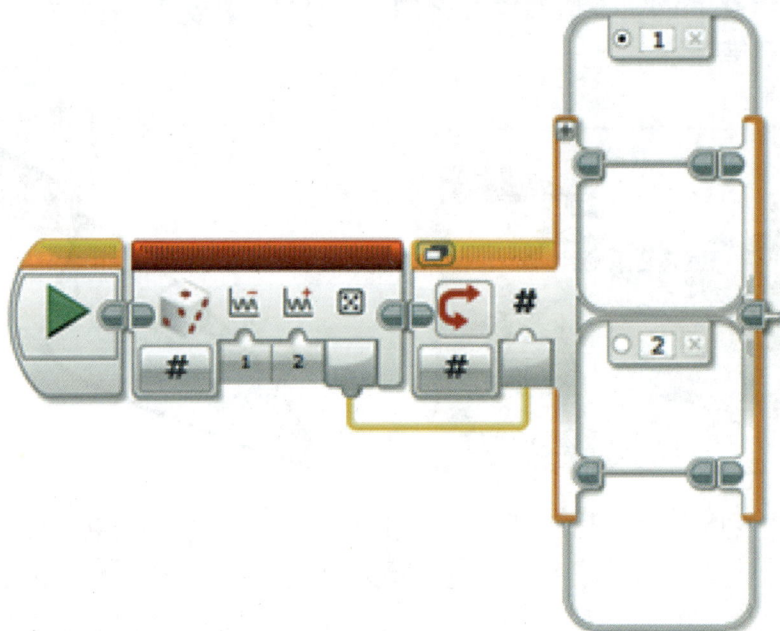

在本节课中，切换模块需要判断的条件有两种，所以随机模块的参数只在两个数值间选择，要与切换模块的分支数值相对应。

试一试

下面同学们和擎天柱一起根据老师讲解的编程思路，试着画一画 程序的流程图 吧！

练一练

同学们，今天的课程结束啦，我们一起做几个小练习吧！

1. 本节课中，我们是用到 (　　) 模块与 (　　) 模块实现了小车的随机转弯。

   A. 范围　切换　　　　　　B. 数学　等待

   C. 随机　切换　　　　　　D. 比较　等待

2. 下列选项中哪个现象是随机现象。（　　）

   A. 明天是晴天还是阴天　　　　　　B. 一天内进入超市的顾客数

   C. 某一时间段公交站等车的人数　　D. 以上选项都正确

3. 在本节课中我们学到了增大接触面积可以减小压力的知识。下列选项哪个没有用到这种原理。（　　）

   A. 坦克的履带　　　　　　　　　　B. 书包的宽肩带

   C. 钉子　　　　　　　　　　　　　D. 滑雪板

秀一秀

作品合影照片粘贴处

第13课 线控赛车

小朋友们好，又和大家见面了。很多同学都很喜欢玩遥控赛车，通过手柄可以让赛车按照我们的操作指令去运行，但是很少有同学能说出为什么赛车会受手柄的控制。今天这堂课，我们就做一个线控赛车，再用两个触动传感器搭建出一个手柄，然后使用多分支切换模块来编程，实现对赛车的灵活操控！

扩展知识

布丁博士，我想要做一个跑得更快的赛车可以用哪些结构来实现呢？

这个……让我想一想，有了，你还记得我们曾经学过的一个结构吗？我们一起来回忆一下……

哦，我明白了，可以用齿轮减……不对，是 齿轮加速 来实现更快的赛车速度。是吗，布丁博士？

答对了，柱子同学！不过我们在搭建的时候要注意，要把大的齿轮连在电机上，也就是作为 主动轮，然后在作为 从动轮 的小齿轮上连接车轮，就能实现提高赛车速度的目的了。

搭建知识

小朋友们，在升级任务的搭建中我们如何 固定 可活动的 类方向盘 结构呢？

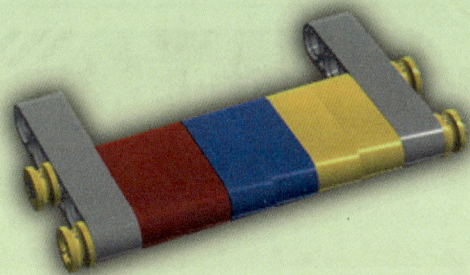

布丁博士，我知道：使用 **2 号连接器** ，这样既能连接方向盘的两边，又能产生一个 向下 的孔，再和手柄连接，这样既能把方向盘固定在手柄上，又能让方向盘转动了！

回答正确！那我们一起来看一下做好之后的样子吧：

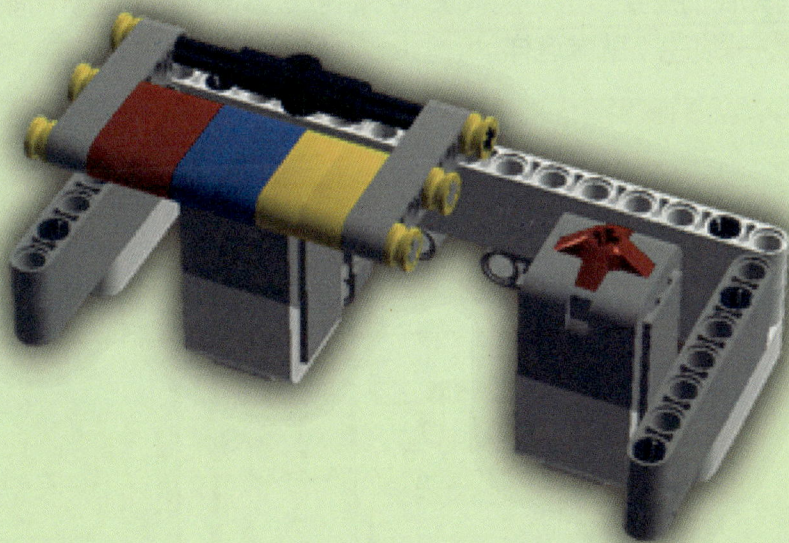

编程知识

下面我们要开始编程了，你们知道如何通过颜色传感器来判断不同的颜色，然后执行不同的动作吗？

这还能问住我！可以通过颜色传感器来判断反射光强度的大小，然后就可以识别不同的颜色了！

不要太自信哦，请注意我们的任务：不同的颜色要执行不同的动作，如果只是识别反射光强度，怎么能完成呢？还是我来告诉你吧！首先我们需要一个切换模块，然后依次修改参数颜色传感器—测量—颜色，就像这样：

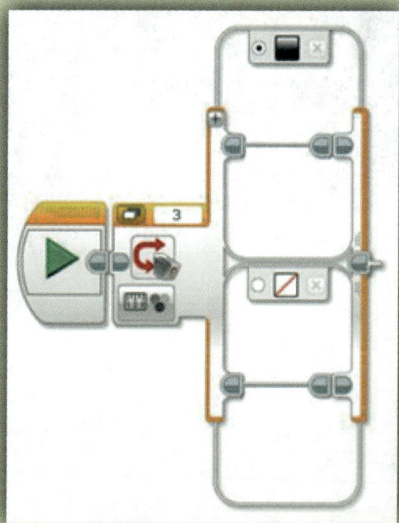

接下来还有两点需要注意的地方，（1）通过左上角的**小加号**可以添加新的分支；（2）还要把每一条**分支的条件**修改成我们需要的颜色，接下来同学们自己来完成吧！

试一试

那下面小朋友们和擎天柱一起根据老师讲解的编程思路，试着画一画**程序的流程图**吧。

练一练

同学们，今天的课程结束啦，我们一起做几个小练习吧！

1. 这节课中，我们巧妙地使用了一种连接器，它是 2 号连接器，以下哪个选项是 2 号连接器呢？（　　）

A. 　　B. 　　C. 　　D.

2. 以下哪些不是触动传感器能够识别的状态？（　　）

A. 按压　　　　B. 松开　　　　C. 碰撞　　　　D. 轻触

3. 如果我们需要添加新的情况（分支），需要点击图中哪一处？（　　）

A. ①　　　　B. ②　　　　C. ③　　　　D. ④

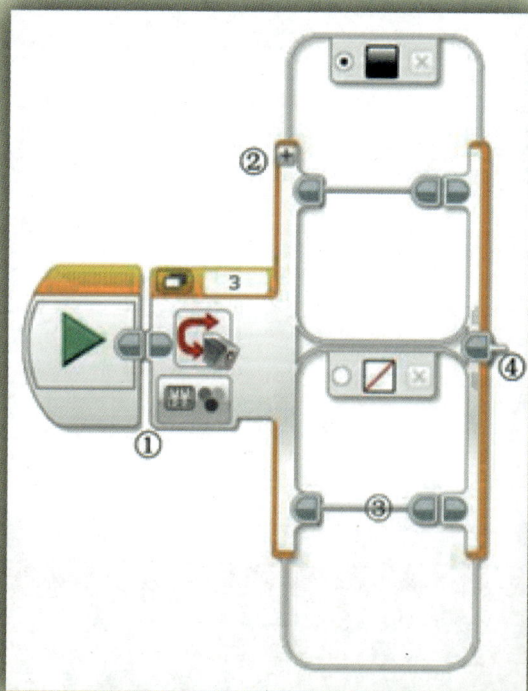

秀一秀

作品合影照片粘贴处

第14课 未来物流

小朋友们好，物流行业的发展离不开一个高效的仓库系统，而要想让仓库的货物高效率地搬运和装卸，离不开一种工具，它就是叉车。叉车是一种工业搬运车辆，能对货物进行装卸、堆垛和短距离运输。今天我们就要用垂直升降结构来做一个叉车机器人，通过对中型电机参数的精确调整完成搬运的工作。

扩展知识

布丁博士，生活中好像不太能见到叉车，您能比较详细地介绍一下叉车具体是怎么工作的吗？

嗯，叉车机器人在日常生活中的确不太常见，因为它们主要在仓库里使用，在介绍之前，我们先来看它长什么样吧！

原来它们长这样啊，怪不得叫叉车呢，前面好像有个叉子一样！

前面的装置叫货叉，它是装在门架上的，常见的叉车都是使用链条传动来使货叉升降的，货叉的形状可以有很多种，以适应不同的货物。

链条？好像我们的教具里没有啊，布丁博士……有了！可以用履带来代替吗？

你还真机智，我们今天就是要用履带和履带轮来模拟链条传动，接下来我们来看具体如何搭建吧！

搭建知识

小朋友们，我们知道货叉的升降是垂直的了，那知道有什么方法可以做这样**垂直升降结构**吗？

布丁博士，咱们之前学的**平行四边形**可以当作是垂直升降结构吗？

平行四边形并不能把货物垂直地抬起或放下，货物的轨迹是斜着的，所以不能算垂直升降结构。还记得我们之前学过的履带传动吗？履带传动能把履带轮的**圆周运动**转化成履带的**直线运动**，从而让机器人前进和后退。我们今天要采用一种非常巧妙的办法，把履带的**传动方向**变成**竖直方向**，然后在履带表面再安装一个货叉，这样履带就能让货叉垂直升降了！

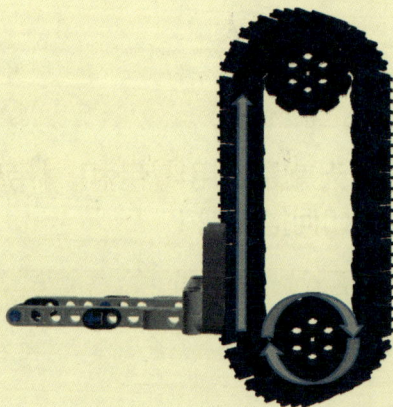

编程知识

小朋友们，这次课虽然没有用到新的编程模块，但是机器人运行的流程比较复杂，所以柱子同学，你接下来帮大家梳理一下编程的流程吧！

好的，机器人一开始前进到货物跟前，把货物抬起，然后再前进一小段距离，把货物放下，最后再退回来。对吗，布丁博士？

整体的思路是对的，但是最后不要忘了加上把货叉放下到初始的位置这个动作，另外抬起的幅度，也就是货叉抬起的距离，要等于两次放下的幅度之和，这样我们每次运行之后货叉的初始位置就不会变了，每次升降货物也更准确。

原来看似简单的任务，需要注意的地方那么多啊！看来我们以后对每一个任务都不能小瞧了！

试一试

那下面小朋友们和擎天柱一起根据老师讲解的编程思路，试着画一画程序的流程图吧。

练一练

同学们，今天的课程结束啦，我们一起做几个小练习吧！

1. 在履带传动中是把圆周运动转化为了什么运动？（　　）

A. 往复运动　　　B. 曲线运动　　　C. 直线运动　　　D. 交替运动

2. 在基础任务当中上升的幅度要等于两次下降的幅度是为了（　　）？

A. 保证每次开始运行时机器人的初始位置不变

B. 保证每次开始运行时中型电机的初始位置不变

C. 保证每次开始运行时大型电机的初始位置不变

D. 以上皆是

3. 叉车在仓库系统里的主要作用不是下列哪一项？（　　）

    A. 装卸货物　　　　　　　　B. 把货物堆垛

    C. 快递送货　　　　　　　　D. 短距离运输

秀一秀

作品合影照片粘贴处

第15课 冬日战士

小朋友们好，今天我们要做的是机械手臂，它是得到广泛应用的机器人，在工业制造、医学治疗，以及太空探索等领域都能见到它的身影。今天我们就要用到平行四边形原理和齿轮减速搭建一个机械手臂，并使用多分支的切换模块来编程，实现灵活的操控！

扩展知识

布丁博士，您说机械手臂是应用最广泛的机器人，但是我在生活中怎么没有见到过呢？

这个问题问得很好！其实在国际上，通常将机器人分为工业机器人和服务机器人两大类。我们今天要做的机械手臂虽然应用非常广泛，但大都集中应用在工业领域，属于工业机器人，所以日常生活中不太容易见到。

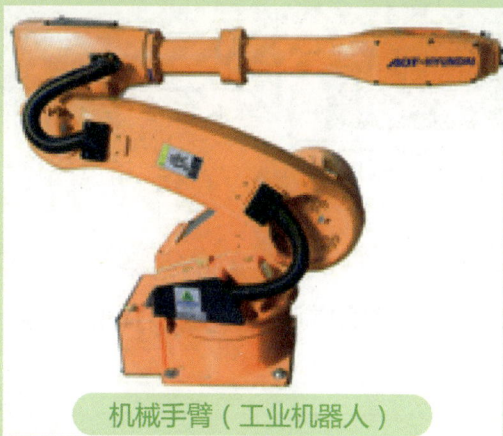

机械手臂（工业机器人）

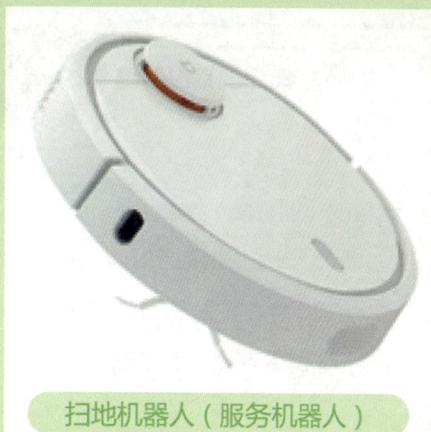

扫地机器人（服务机器人）

哦，我明白了，原来是分工不同啊！

趣味小知识

一张图了解机器人的分类

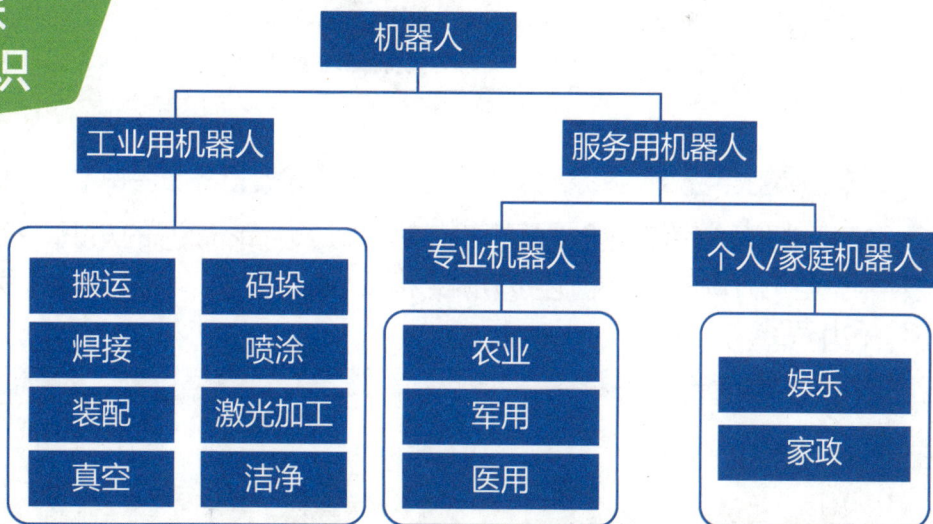

机器人
├─ 工业用机器人
│   ├─ 搬运
│   ├─ 码垛
│   ├─ 焊接
│   ├─ 喷涂
│   ├─ 装配
│   ├─ 激光加工
│   ├─ 真空
│   └─ 洁净
└─ 服务用机器人
    ├─ 专业机器人
    │   ├─ 农业
    │   ├─ 军用
    │   └─ 医用
    └─ 个人/家庭机器人
        ├─ 娱乐
        └─ 家政

搭建知识

小朋友们，我们今天的作品综合了很多之前学过的知识，我们一起来根据下面的作品图总结一下吧！

好啊，好啊！底盘和机械臂的部分都用到了齿轮减速的知识，控制中型电机升降的是平行四边形结构……布丁博士，还有什么？我想不出来了。

没关系，你总结得已经很好了。除了你说的这些之外，还有一个特别关键的结构，在机械手臂前面的机械爪的部分，我们使用了两个相互啮合的齿轮转动方向相反的原理。

编程知识

小朋友们，下面我们要开始编程了，今天我们要用到多分支切换模块，让不同的程序块按钮对应机器人不同的动作，每个动作使用大型或者中型电机模块，那么我来考大家一个问题，设置大型或者中型电机模块参数的时候采用哪种运行方式呢？

布丁博士，记得之前学过，应该是开启指定时间吧，这样操作的时候才不会卡顿！

没错！就是开启指定时间，而且要把时间设置得很小，比如0.1秒。另外大家注意，还要把中型或者大型电机模块右下角的参数修改为惯性滑行，也就是前面有个叉号的选项，这样才能实现流畅并且精确的操作，又不会卡顿。但是控制机械手臂停止的分支里是不用这样修改的，因为我们需要在每次运行结束之后马上停止。

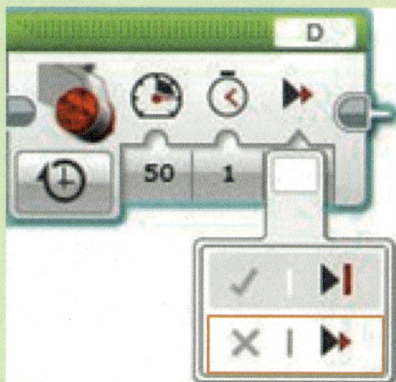

试一试

那下面小朋友们和擎天柱一起根据老师讲解的编程思路，试着画一画**程序的流程图**吧。

练一练

同学们，今天的课程结束啦，我们一起做几个小练习吧！

1. 在机械手臂机器人的搭建中，一共用到了几处齿轮减速结构？（　　　）

A.1　　　　　　　B.2　　　　　　　C.3　　　　　　　D.4

2. 下面关于制动和惯性滑行的说法中，错误的是（　　　）？

A. 制动是比较突然地停止

B. 惯性滑行就是依靠自身的惯性慢慢地停止

C. 本课中所有大型和中型电机模块都要采用惯性滑行

D. 要想确保大型电机动作的连续性需要采用惯性滑行

3. 下面哪种机器人不属于"专业机器人"？（　　）

　　A. 农业　　　　　B. 医用　　　　　C. 军事　　　　　D. 家政

秀一秀

作品合影照片粘贴处

第16课 超级运输

　　小朋友们好，本单元的前几次课我们学习了几种搬运或者运输的机器人。有的使用了简单的搬运装置，有的使用了巧妙的机械结构。今天这节课我们要复习巩固并且融会贯通本单元学到的知识，把**机械爪**的结构和高架小车结合起来，完成一个综合的任务。这对同学们的综合编程和**参数精确调整**的能力是一个新的考验！

扩展知识

布丁博士，上次课 "工业机器人" 的话题我还有点意犹未尽，您能不能给大家再普及一下更多有关工业机器人的知识呢？

好的，你想知道工业机器人哪个方面的知识呢？

嗯，让我想想，要不您讲一下工业机器人都有什么特点吧？

好的，没问题，第一个特点就是<mark>可编程</mark>，工业机器人可随其工作环境变化的需要而再编程。第二个特点就是<mark>拟人化</mark>，工业机器人在机械结构上有类似人的行走、手臂、手腕等部分功能。第三个特点是<mark>通用性</mark>，比如，更换工业机器人末端操作器（手爪、手臂等）便可执行不同的作业任务。第四个特点是<mark>智能化</mark>，最新一代的工业机器人不仅具有各种传感器，而且还具有记忆能力、语言理解能力、图像识别能力、推理判断能力等人工智能。

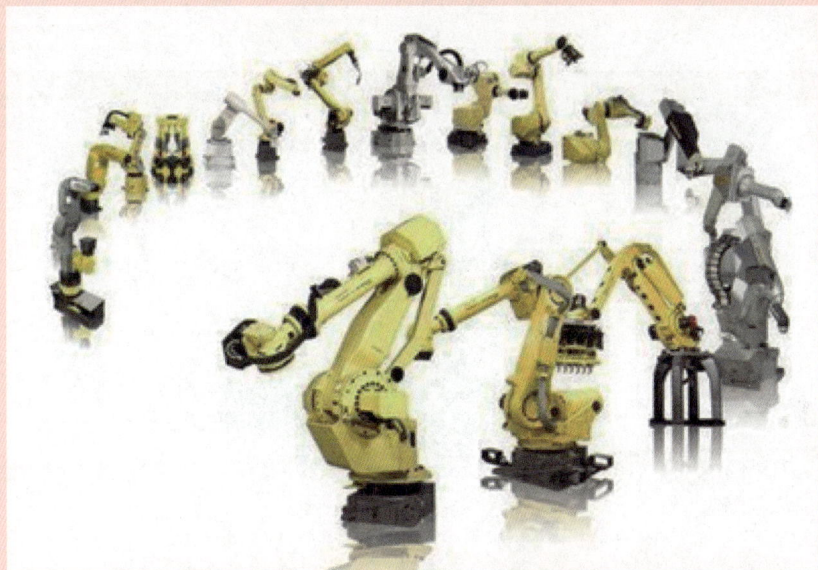

搭建知识

小朋友们，今天作品的机械爪部分要用到一个非常基础的知识，但又特别容易被忽略。同学们想一下，机械爪的结构中用到了齿轮传动的哪一个知识呢？

这个……布丁博士，您这一下还真把我问住了，这里没有加速也没有减速，那到底是什么知识呢？

看来你的基础知识还是要加强啊！除了大齿轮带小齿轮加速和小齿轮带大齿轮减速，相互啮合的齿轮还有一个特点，就是转动方向相反，我们的机械爪正是利用这一点，才能实现灵活地抓取和放下的功能。

编程知识

小朋友们，下面我们要开始编程了，今天我们的任务要求动作非常精确，想让机械爪顺利地抓起和放下物品其实没有那么简单呢！想要调试的时候轻松一点，开始设置参数的时候就要特别注意。柱子同学，你知道根据什么来设置开始时候的参数吗？

我平时都是先估算出一个值，然后根据实验结果再做调整，偶尔也会使用端口查看的方法来设置参数。您说我的方法对吗，布丁博士？

嗯，没错！不过我猜你设置传感器参数的时候才使用端口查看的方法吧！其实电机里面有内置的角度传感器，所以电机的参数也可以使用端口查看的方法来设置，我们可以手动转动电机来查看电机运行的度数或者圈数，再根据实验结果精确调整，这样编程的效率会大大提高！

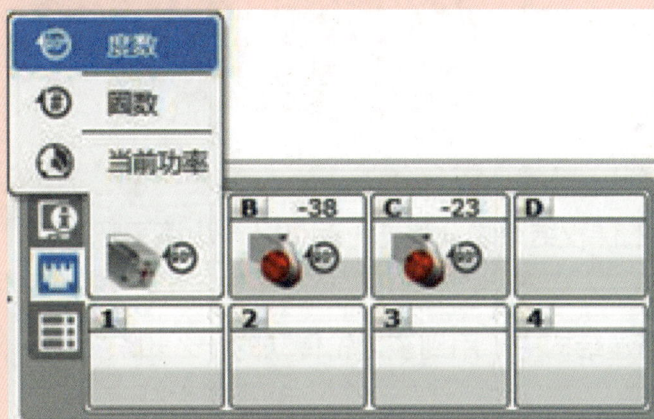

试一试

那下面小朋友们和擎天柱一起根据老师讲解的编程思路，试着画一画程序的流程图吧。

练一练

同学们，今天的课程结束啦，我们一起做几个小练习吧！

1. 在机械爪的搭建结构中，用到了齿轮传动的什么知识？（　　）
   A. 大带小加速　　　　　　　　　　B. 小带大减速
   C. 相互啮合的齿轮转动方向相反　　D. 传动比等于齿数比

2. 下列哪种数据不能通过端口查看的方法直接获得？（　　）
   A. 电机旋转的角度　　　　　　　　B. 颜色传感器识别的颜色
   C. 触动传感器的状态　　　　　　　D. 电机旋转的时间

3. 下列哪种传感器是内置在电机里的？（　　）
   A. 角度传感器　　B. 程序块按钮　　C. 颜色传感器　　D. 触动传感器

秀一秀

作品合影照片粘贴处

参考答案

第 1 课　准点到达
1.C　2.C　3.C　时间、度数、圈数

第 2 课　定点停车
1.C　2.D　3.C

第 3 课　飞蛾扑火
1.D　2.B　3.B　A　C

第 4 课　循规蹈矩
1.B　2.C　3.B

第 5 课　智能捕鼠
1.D　2.CBA　3.BDB 或 BAC　4.B

第 6 课　智能洗衣
1.B　2.B　3.C

第 7 课　智能晾衣
1.A　2.C　3.A

第 8 课　环保卫士
1.C　2.C　3.C

第 9 课　椅动乐趣
1.C　2.D　3. 本程序不会实现立即停止的功能。在本程序中当触动传感器被按压时电机会以 50 的功率运行三秒后才会停止。

第 10 课　横冲直撞
1.B　2.A　3.A

第 11 课　体操王子
1.C　2.A　3.C

第 12 课　探路先锋
1.C　2.D　3.C

第 13 课　线控赛车
1.B　2.D　3.B

第 14 课　未来物流
1.C　2.B　3.C

第 15 课　冬日战士
1.B　2.C　3.D

第 16 课　无人驾驶
1.C　2.D　3.A

EV3 体验课 01 引入讲解

引入本节课课程主题
讲解相应的知识点

EV3 体验课 02 作品搭建

根据提示和引导搭建本
节课的作品

EV3 体验课 03 游戏互动

通过游戏锻炼逻辑思维
能力、想象力、空间想
象力等综合能力

EV3 体验课 04 任务分析

分析编程思路

EV3 体验课 05 编程讲解

程序编写及调试

EV3 体验课 06 作品展示

锻炼语言组织能力、语
言表达能力

EV3 体验课 07 整理归位

拆掉作品、放回教具盒

乐高·EV3 旋风陀螺工厂

乐高·EV3 自平衡机器人

乐高·EV3 玉兔捣药机器人

乐高·EV3 遥控机器人

乐高·EV3 小狗机器人

乐高·EV3 颜色分拣机器人

乐高·EV3 推土机机器人

乐高·EV3 魔方机器人

乐高·EV3 坦克机器人

乐高·EV3 爬楼梯机器人

乐高·EV3 龙舟机器人

乐高·EV3 机械叉车机器人

乐高·EV3 机械手臂机器人

乐高·EV3 悍马机器人

乐高·EV3 父亲节献礼

乐高·EV3 大象机器人

乐高·EV3 电吉他机器人

EV3 进阶智能机器人编程

（科学探究）

（下册）

达内童程童美教研部　编著

电子工业出版社

Publishing House of Electronics Industry

北京·BEIJING

图书在版编目（CIP）数据

EV3 进阶智能机器人编程：科学探究：全 2 册 / 达内童程童美教研部编著. —北京：电子工业出版社，2018.6

ISBN 978-7-121-34395-7

Ⅰ . ① E… Ⅱ . ①达… Ⅲ . ①智能机器人 – 程序设计 – 少儿读物　Ⅳ . ① TP242.6-49

中国版本图书馆 CIP 数据核字（2018）第 122903 号

策划编辑：蔡　葵
责任编辑：徐　磊
印　　刷：北京富诚彩色印刷有限公司
装　　订：北京富诚彩色印刷有限公司
出版发行：电子工业出版社
　　　　　北京市海淀区万寿路 173 信箱　邮编：100036
开　　本：787×1 092　1/16　印张：15　字数：360 千字
版　　次：2018 年 6 月第 1 版
印　　次：2019 年 1 月第 2 次印刷
定　　价：89.90 元（全 2 册）

序

《国家创新驱动发展战略纲要》指出："创新驱动是国家命运所系。国家力量的核心支撑是科技创新能力。""科技和人才成为国力强盛最重要的战略资源。"培养更多的具备科学素养，具有创新能力、独立思考能力的人才是当前教育工作的重中之重！

达内集团童程童美作为少儿 STEAM 教育行业的领军企业，针对 6 到 18 岁的少年儿童推出了智能机器人编程全套课程，整个课程体系知识完整，进阶清晰，设计合理。本书作为该套课程的配套教材，童程童美教研部的老师们花费了大量心血，从初稿、二稿、终稿到一审、二审、终审，层层把关，确保把最优质的机器人课程教材呈献给广大读者。

每节课包括以下几部分内容。

扩展知识：通俗地介绍本节课涉及的百科知识，如物理、化学、天文、地理、数学、历史等学科。

搭建知识：重点介绍本节课搭建作品中的核心结构，而不是采用分步骤搭建图的方式呈现，目的是不限制小读者的思维，充分发挥大家的想象力、创造力。

编程知识：重点介绍本节课学习到的新的编程模块，深度剖析，举一反三。同时还会介绍一些编程技巧以及如何养成良好的编程习惯。

试一试：根据任务要求，小读者可以尝试着画出程序流程图。编程思维的培养重点在于是否能理解程序的思路，而不是掌握编程步骤，所以会画流程图很重要！

练一练：在每一节课的末尾设计了有探索性和延展性的课后习题的部分，小读者可以通过查资料或者复习的方式找到答案，从而达到温故而知新的效果。

机器人课程的教育宗旨是"边做边学"，所以在学习此书时，小读者应该边搭建、边思考、边编程、边探索，这样，此教材才会发挥其最大的作用。

最后，希望小读者们都能够从此书中获得快乐，并且学到很多东西！人工智能的时代来了，让机器人陪伴中国儿童一起成长。

前　言

　　这是一本指导中国青少年儿童探究、学习机器人的书籍，全书引领学生独立探索问题，让学生多思考，多动脑，结合每节课丰富有趣的机器人作品，让学生在开心、快乐的氛围中学习知识、锻炼能力。

　　本书将带领学生，通过每节课不同的课程主题，去学习和了解不同的学科，例如：生物学、机械学、物理学、数学、设计学、工程学等一系列的学科，从学生能理解的角度出发去解析、设计课程，让学生带着兴趣去探索未知，真正地做到玩中学、做中学。

　　机器人课程旨在培养学生具备解决未知问题的能力，不论是在今后的学习、工作还是生活过程中，人人都会遇到未知问题，如何有效地解决未知问题，考验的不单单是学生某一门知识或某项能力，而是综合的知识与能力。本书中每一节课的任务都是一个未知问题，学生们首先要分析问题（分析能力），发挥想象力和创造力（创新能力），利用学习到的知识，设计解决方案（设计能力），动手实现（动手能力），在实现的过程中，必然会遇到问题、错误，及时纠正，不断尝试（受挫力），同时与他人合作（团队协作能力、沟通表达能力），最终完成作品。所以机器人课程就是在不断地培养学生去解决一个个未知问题，在这个过程中，学生可以学习到多学科知识，同时锻炼多方面的能力！

　　本书每课包括课前引导说明、扩展知识、搭建知识、编程知识、试一试、练一练、秀一秀七个环节，更加科学、合理地去设计每节课。接下来为大家介绍每一个环节的作用：

　　课前引导说明：帮助学生快速了解本节课的重点内容；

　　扩展知识：让学生了解相关于本节课作品的一些生活中的知识、常识等；

　　搭建知识：讲解本节课作品搭建过程中，所要用到的物理、机械方面的知识点，在了解重点结构的基础上，鼓励学生自主设计机器人的外观及传动装置等；

　　编程知识：讲解每节课的机器人作品，在编写程序时的新知识点以及难点，帮助学生理清思路，循序渐进地掌握机器人编程；

　　试一试：学生需要根据本节课机器人的功能，画出完成任务的流程图，锻炼学生的逻辑思维能力和总结能力等；

　　练一练：通过课后练习题，来巩固学生对于本节课知识的掌握；

秀一秀：完成任务后，将学生与作品的合影贴于此处，保留精彩的瞬间。

通过精心地设计和编写，经过不断地修改和完善，愿本书陪伴小读者们，在开心愉悦的氛围中收获知识，提高独立分析问题、解决问题的能力，让机器人伴随中国儿童健康、快乐地成长。

编著者

目　录

第17课 草坪理发师

小朋友们好，又和大家见面了。今天我要带着大家搭建一个带有**两个大型电机、一个中型电机和一个触动传感器**的小车。它可以修剪草坪、植被，是除草工人的好帮手，我们称它为**草坪理发师**。还会用到**切换模块(判断触动传感器状态)**来给机器人编程。好了，不多说了，赶紧开始今天的课程吧！

扩展知识

布丁博士，我们平时在学校或公园经常见到除草工人用剪草机来修剪草坪，那么剪草机的基本结构是什么，它又是如何工作的呢？

经过剪草机修剪的草坪简洁美观，为我们的生活带来了很多便利和乐趣。下面我们简单了解下剪草机。

小知识

扶手

发动机

刀片

轮子

剪草机，又称割草机，除草机，草坪修剪机等，是一种用于修剪草坪、植被等的机械工具。它由轮子、发动机、扶手和隐藏在剪草机下面的刀片组成。刀片利用发动机的高速旋转在速度方面提高很多，节省了除草工人的工作时间，减少了大量的人力资源，是除草工人的好帮手。

搭建知识

布丁博士，我们开始搭建机器人了，在剪草机扶手处，我们应该怎样搭建才能让触动传感器更好地触发呢？

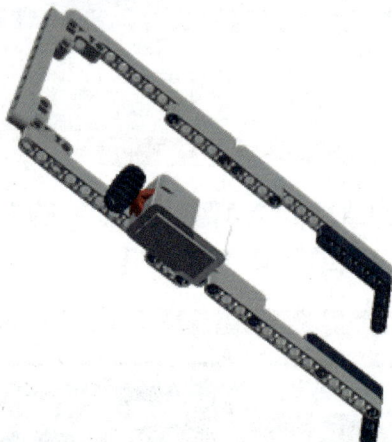

我们可以利用杠杆原理，设计一个便于触发触动传感器的触发装置。

小提示

当触动传感器受到按压时，剪草机才会工作。我们可以安装如图所示的触发装置。当手握住触发装置时，触发装置会碰到触动传感器，触动传感器受到按压，剪草机开始工作；当松开触发装置时，触动传感器无按压，这时剪草机会停止工作。触发装置的安装，在使用时给我们提供了很大的便利。

剪草机在工作时，刀片需要快速转动，这时我们可以用大齿轮带动小齿轮，来提高刀片转动的速度。

编程知识

布丁博士，我们马上要进行编程啦。当开关被按压时，也就是剪草机启动时，轮子和刀片是同时工作的，当开关不被按压时，剪草机停止工作。那么我们该如何进行编程呢？

小柱，观察我们的作品可以看到，我们触动传感器是剪草机上的开关，当触动传感器被按压时，剪草机启动，大型电机控制的轮子向前运行，以及中型电机控制的刀片开始旋转；当松开剪草机开关，也就是触动传感器没有被按压时，剪草机停止。这时，我们就需要用到切换模块来判断触动传感器的状态。同学们明白了吗？那我们看一下下图程序正确吗？为什么？

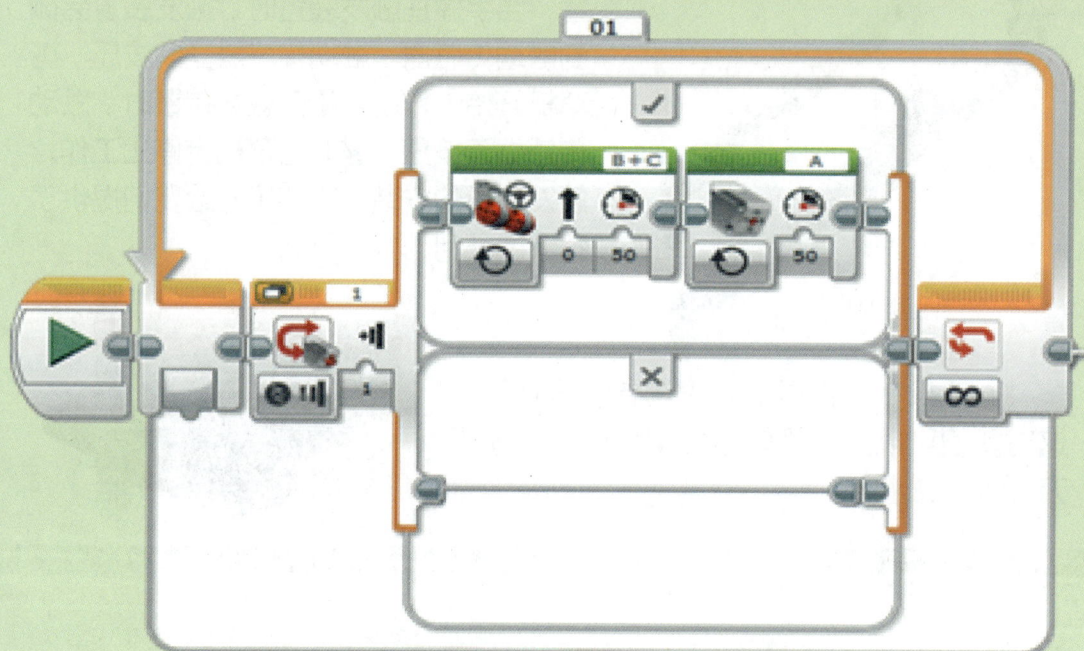

小 知 识

想让电机在开启状态后停止（无论是大型电机还是中型电机），需要我们添加相应的电机模块，并将电机模块调为关闭状态，这时电机才会停止。

试一试

下面同学们和擎天柱一起根据老师讲解的编程思路，试着画一画 程序的流程图 吧！

练一练

同学们，今天的课程结束啦，我们一起做几个小练习吧。

1. 下列哪个选项不属于定期修剪草坪的好处？（　　）
   A. 使草坪整洁美观　　　　　　　B. 促进草坪新陈代谢
   C. 抑制杂草入侵　　　　　　　　D. 除虫

2. 在本节课的升级任务中，如果把黑线换为栅栏，那么我们不能选择哪个传感器来检测栅栏？（　　）
   A. 超声波传感器　　　　　　　　B. 触动传感器
   C. 红外传感器　　　　　　　　　D. 陀螺仪传感器

3. 在下图中（左边为主动轮，右边为从动轮），当主动轮转动速度相同时，哪组齿轮传动的从动轮转动最快？（　　）

   A.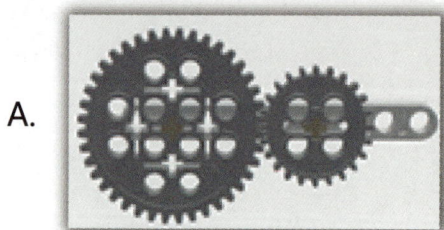

   B.

   C.

秀一秀

作品合影照片粘贴处

第18课 天籁之音

Hi，很高兴又和小朋友们见面啦。今天我要带着大家搭建一个带有**超声波传感器**的电吉他。**超声波传感器检测到的距离的数值与相对应的音符同步**，就可以发出不同的声音，模拟真正的电吉他。还会用到新的**超声波传感器模块**来给电吉他进行编程。在编程时我们会学到如何实时测量超声波传感器的数据、各个音符声音的编程、数据传递。小朋友们你们准备好了吗，赶紧开始今天的课程吧！

扩展知识

布丁博士，今天要搭建的电吉他会非常有趣，那它的组成部分有哪些呢？我们如何用它弹奏出完整的音乐呢？

接下来布丁博士就带大家一起来了解下电吉他吧！

你知道吗？

琴身　琴颈　琴头

吉他，又译为结他或六弦琴，是一种弹拨乐器，通常有六条弦，形状与提琴相似，它由琴身、琴颈、琴头三部分组成。吉他中的古典吉他与小提琴、钢琴并列为世界著名三大乐器。我们会根据乐谱来完成一首曲子的弹奏。

拓展小知识

中国古典音乐的五声音阶是宫、商、角、徵、羽，相当于现代音乐的 C(do），D (re),E(mi), G (sol), A(la)。在传统五声音阶的基础上，七声音阶的体系也在逐渐形成和发展。七声音阶是：宫、商、角、变徵、徵、羽、变宫，也即现代音乐中的 C(do），D (re),E(mi), F(fa),G (sol), A(la),B (si)。

搭建知识

布丁博士，我们要进行搭建环节了，超声波传感器需要检测不同的距离才能发出不同的声音，那么我们应如何对距离进行控制呢？

我们可以搭建一个如下图所示的挡板结构。它可以套到琴颈上，并来回移动，这样超声波传感器就可以根据挡板的位置检测到不同的距离，然后将检测到的数值与音符相对应，这样就可以发出不同的声音了。

我明白啦博士，挡板的来回移动会导致超声波传感器检测到不同的距离。当超声波传感器检测到 1 英寸的距离有物体时，电吉他会发出 do 的音符，检测到 2 英寸的距离有物体时，电吉他会发出 re 的音符，以此类推。根据乐谱来调整距离，这样就可以弹奏出完整的音乐啦，真是太棒啦！

编程知识

布丁博士，我们开始编程环节吧。我们要让电吉他发出音符相对应的声音，那么各个音符的声音该如何编程呢？超声波传感器检测到的距离参数该如何进行传递呢？

我们需要用到超声波传感器模块来进行距离的检测，调整参数，选择测量距离（英寸）。我们还需要切换模块来判断超声波传感器所检测到的数值，选择"数字"参数。超声波传感器检测到的数值要传递到切换模块，所以我们单击超声波传感器模块的右下角，拖曳出来，放到切换模块的右下角上，做一个连接。这样，就能实现根据超声波传感器检测的距离数值，发出音符相对应的声音。

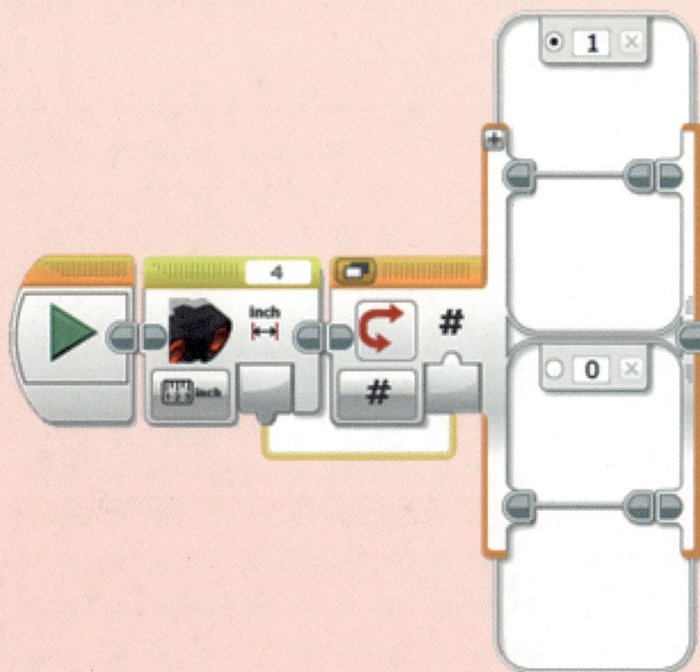

小提示

因为我们需要八个音符，所以要在切换模块里单击"+"号，添加新的分支。要注意，最后要添加默认情况，声音模块的模式选择"停止"，这样，当超声波传感器与挡板的距离为8，或者以上时，电吉他为关闭声音的状态。

试一试

下面同学们和擎天柱一起根据老师讲解的编程思路，试着画一画**程序的流程图**吧！

练一练

小朋友们，今天的课程结束啦，我们一起做几个小练习吧。

1. 下列哪个选项不属于中国古典音乐的五声音阶？（　　）
   A. 宫
   B. 商
   C. 徽
   D. 徵

2. 本节课中挡板为什么要搭建得大一些？（　　）
   A. 美观
   B. 超声波传感器更准确地判断挡板的位置
   C. 操作方便
   D. 更好地控制距离

3. 本节课中超声波传感器的参数为什么选择"测量英寸"，而不是选择"测量厘米"？（　　）
   A. 英寸是国际单位
   B. 英寸和厘米可以互相转化
   C. 两者都可以
   D. 英寸距离大，更容易准确地演奏每个音阶

秀一秀

作品合影照片粘贴处

第19课 机器宠物

　　小朋友们好，很高兴又见到大家。今天我要带着大家搭建一个带有两个电机、颜色传感器和触动传感器的机器宠物狗。我们抚摸它的时候，宠物狗会站起或是坐下；当我们给它食物时，宠物狗会很开心并发出流口水或吃东西的声音。通过触动传感器和颜色传感器的配合，机器宠物狗会实现根据人的行为做出不同反应的功能。我们会用到显示模块和多分支切换模块来给机器人编程。好了不多说了，赶紧开始今天的课程吧！

扩展知识

　　布丁博士，宠物狗非常可爱，带给我们很多欢乐。可是它不会说话，那么它是如何表达自己高兴或者想吃东西的情绪呢？

下面我就带大家一起来了解宠物狗的习性吧！

小狗如何表达自己的情绪呢？

高兴时表情：狗狗使劲地摆动尾巴，不断跳跃，这是最常见的一种表现方式。摇动尾巴，与人亲近。

愤怒时表情：狗狗在愤怒时脸部表情几乎和笑的时候的表现完全一样，不同的是两眼圆睁，目光锐利，耳朵向斜后方向伸直。尾巴下垂或夹在两腿间。

狗狗感到悲伤时：两眼无光，垂着头，向主人靠拢，并用祈求的目光望着主人，有时卧于一角，变得极为安静。

除了以上几种表情外，狗狗摆动尾巴，身体平静地站立，两眼直视主人，表示等待、期望。头部下垂，耳朵靠拢，表示屈从和敬畏。尾巴高伸摆动，耳朵竖起，头部摆动，身体拱曲，有时还伸出前爪，则表示与人亲近，要求玩耍。

搭建知识

布丁博士，马上要开始搭建环节啦，我们该怎么用我们的教具搭建出机器宠物狗的外形呢？

可以想一下小狗的特点：它的腿能自由活动；人抚摸它的头时，它会很开心；它看到好吃的，会很高兴并且会发出声音。

我们可以用控制器来搭建机器狗的头部，用颜色传感器来模拟机器狗的鼻子，当颜色传感器检测到不同颜色，显示屏可以显示机器狗的表情并发出声音；触动传感器模拟机器狗的皮肤，大型电机搭建机器狗的腿，当触动传感器被按压时大型电机转动，机器狗的腿就可以动起来啦。

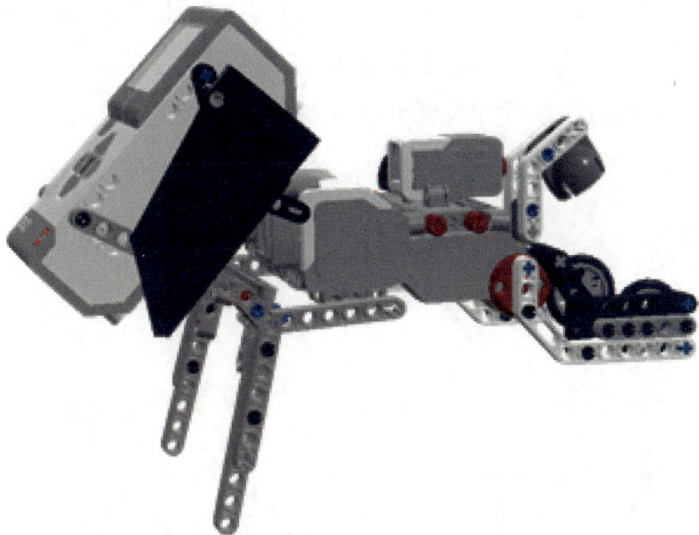

编程知识

布丁博士，马上要进行编程啦。我们应该如何做才能让宠物狗根据我们的行为作出不同的反应呢？

小柱，首先我们要清楚，当触动传感器被"按住"时，小狗站起，这时大型电机是反转的；当触动传感器松开时，小狗坐下，大型电机正转。加入循环，这样就可以实现宠物狗站起和坐下的功能。要注意大型电机的功率是相反的。

机器宠物狗是通过颜色传感器对不同颜色的识别来做出不同表情、同时发出不同声音的，所以我们会用到切换模块，并且需要三个分支去判断识别到的颜色。我们还要用到显示模块，并选择我们需要的播放文件，同时配合声音模块来编程。

这两个动作是两个分支，所以相互不影响。

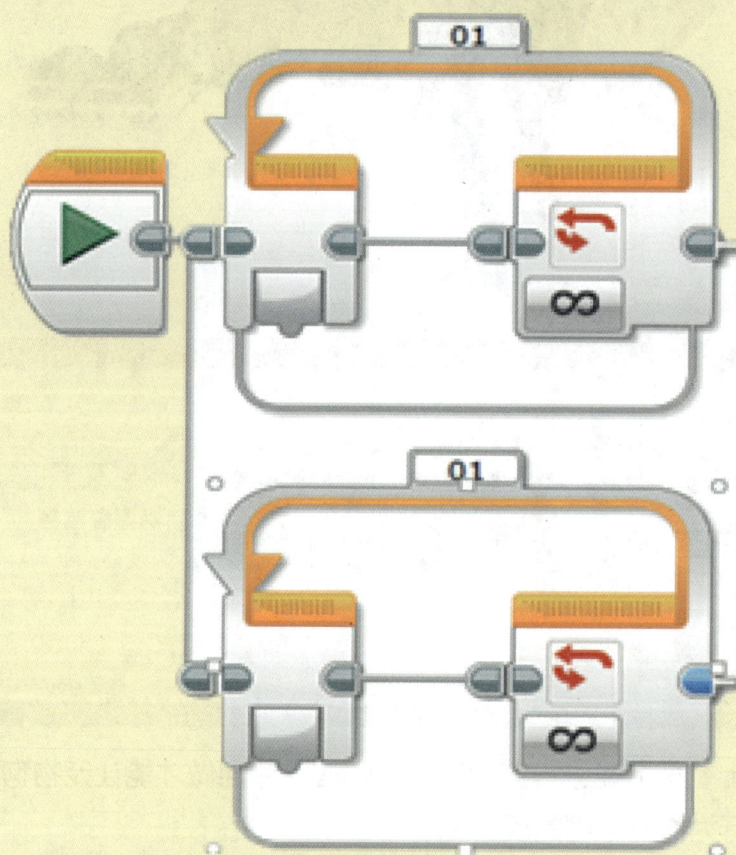

图 1 多分支的编程方式

如何选择显示模块中的表情

选择显示模块，单击右上角选择图像文件，单击"眼睛"选项，会出现很多不同的形式，选择我们需要的一个。

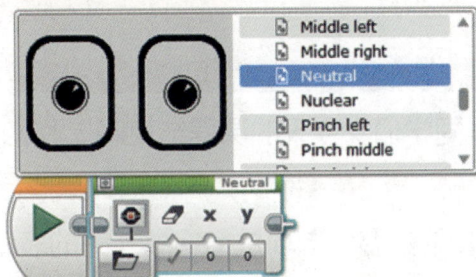

	Middle left	
	Middle right	
	Neutral	
	Nuclear	
	Pinch left	
	Pinch middle	

试一试

下面同学们和擎天柱一起根据老师讲解的编程思路，试着画一画**程序的流程图**吧！

练一练

同学们，今天的课程结束啦，我们一起做几个小练习吧！

1. 下列哪个选项是狗狗高兴时的表现？（　　　）

    A. 摇尾巴　　　　　　　　　B. 身体拱曲、后退

    C. 耳朵向斜后方伸直　　　D. 目光锐利

2. 如果想要在显示屏中显示 这个表情，那么下面哪个选项是正确的？（　　　）

    A. 眼睛—Awake　　　　　　B. 眼睛—Angry

    C. 表情—Sad　　　　　　　D. 表情—Smile

3. 关于多分支的编程方式，下列说法正确的是（　　　）？

    A. 可同时进行多项动作，各个分支相互不影响

    B. 从上到下顺序执行各个分支的动作

    C. 从下到上倒序执行各个分支的动作

    D. 其中一个分支里面的模块出问题，其余分支都不能正常运行

秀一秀

作品合影照片粘贴处

第20课 神秘猎手

很开心又和大家见面啦！今天我要带着大家搭建一个带有中型电机、大型电机和超声波传感器的神秘猎手。它行动迅速、神出鬼没、看到猎物会很快出击，它就是蛇。在搭建过程中我们会用到仿生类的搭建和连杆装置的应用，在编程时我们会用到多个电机的配合来模拟蛇"S形"行走。好了不多说了，赶紧开始今天的课程吧！

扩展知识

布丁博士，随着人们对健康的日益重视，许多人喜欢爬山运动，在爬山的时候便会有人担心会不会遇到蛇或者被蛇咬，那我们该如何简单地辨别蛇是否有毒呢？

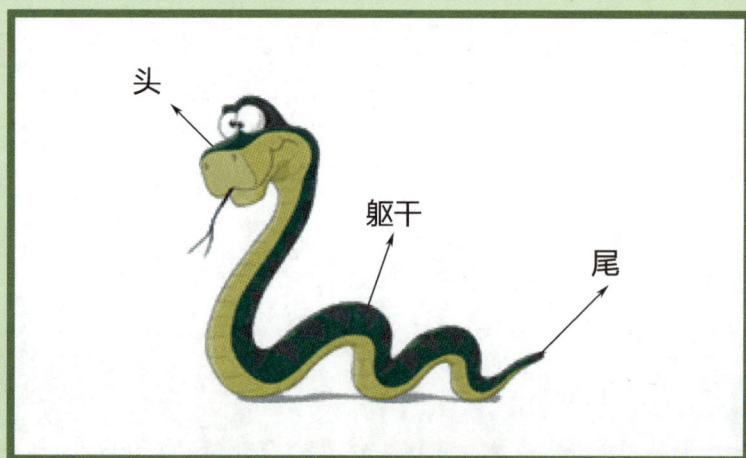

头

躯干

尾

大多数人对于蛇这种动物都心存畏惧，除了蛇的长相让人不寒而栗外，还有一个很重要的因素就是很多蛇都有剧毒，如果被咬，很可能在很短的时间内死亡。现在我给大家科普一下关于蛇的小知识。

小 知 识

（1）从蛇的头部形状来辨别：

　　毒蛇的头部一般呈三角形；无毒蛇的头部一般呈椭圆形。

（2）从蛇的花纹颜色来辨别：

　　毒蛇的体背花纹颜色一般比较鲜明；无毒蛇的花纹颜色一般不鲜明。

（3）从蛇的生态习惯来辨别：

　　毒蛇发现人后一般不逃跑或逃跑时爬行的速度不快；无毒蛇发现人后会马上逃窜，爬行的速度很快。

　　最根本的区别是无毒蛇没有毒牙和毒腺，而毒蛇有毒牙和毒腺。

　　蛇会冬眠，是因为蛇是冷血动物，温度低了新陈代谢会减缓，而且难以捕捉到食物，只能靠"睡觉"来度过。"舌头"（信子）是蛇追捕和寻找猎物的重要工具，其舌头十分敏感，能及时发现猎物，所以我们常常会见到蛇伸"舌头"。

搭建知识

布丁博士，接下来就进入搭建环节了，我们要用教具搭建出蛇的样子，那么在搭建环节中会学习到哪些知识呢？

在上节课中我们学会了仿生类的搭建，在本节课中我们也会用到仿生知识来搭建一个机器蛇来模拟蛇的运动。蛇在行走时头高高抬起，还会左右摆动呈"S形"行走；当遇到危险时，出于保护自己及恐吓对方的目的，蛇的嘴巴会张开并前后摆动，这就需要用到连杆装置来搭建。

如图所示，当电机正转时，蛇的嘴巴张开，同时头往前倾；当电机反转时，蛇的嘴巴闭合，同时头往回缩。这样就模拟完成了蛇的头部和颈部的基本运动。

以上运动是用连杆装置来实现的。连杆装置可以把圆周运动转化为往复运动。在日常生活中应用广泛。

编程知识

布丁博士，我们马上要进行编程啦。那么该如何编程才能让各个电机更好地配合来实现模拟蛇的"S形"行走呢？

小柱，从视频中我们了解到，控制器后面的大型电机给蛇提供动力，控制着蛇的前进或者后退；中型电机控制着蛇的左右摇摆。当超声波传感器检测到前方有"危险"时，控制器前面的大型电机转动，蛇的嘴巴张开后接着闭上。明白了各个电机控制的部分后就可以编程啦！在整个程序中需要两个分支，上面的分支来实现蛇的"S形"行走，下面的分支实现蛇的嘴巴张开闭合，两个分支的程序互不影响。

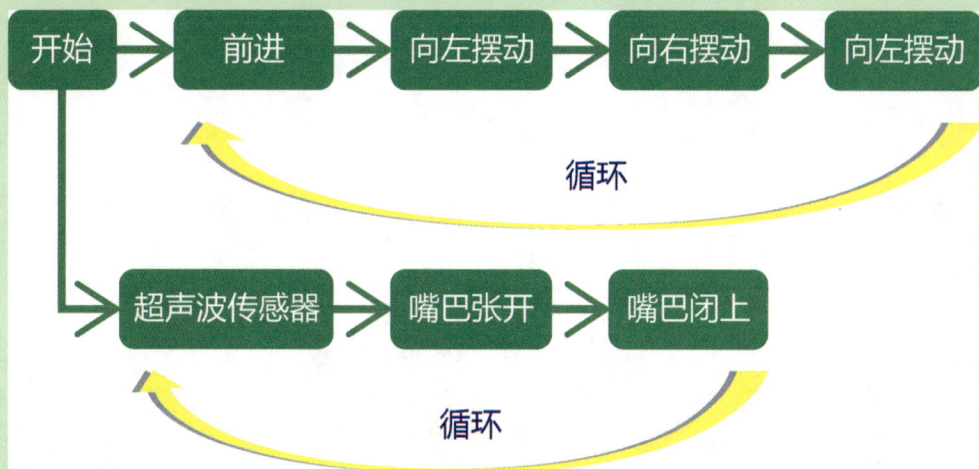

开始 → 前进 → 向左摆动 → 向右摆动 → 向左摆动

循环

超声波传感器 → 嘴巴张开 → 嘴巴闭上

循环

试一试

那下面小朋友们和擎天柱一起根据老师讲解的编程思路，试着画一画程序的流程图吧！

练一练

同学们，今天的课程结束啦，我们一起做几个小练习吧！

1. 蛇为什么总是吐舌头？（　　）

　　A. 感应周围的温度　　　　　　B. 追捕和寻找猎物

　　C. 散热　　　　　　　　　　　D. 威胁竞争对手

2. 下列选项中哪项没有用到连杆结构？（　　）

　　A. 蒸汽火车的轮子　　　　　　B. 饮水机

　　C. 雨伞　　　　　　　　　　　D. 剪叉式升降机

3. 在本节课中，中型电机是如何实现让蛇左右摆动的呢？（　　）

　　A. 直接控制蛇的身体　　　　B. 用到了齿轮垂直传动

　　C. 用到了连杆结构　　　　　D. 用到了齿轮的水平传动

秀一秀

作品合影照片粘贴处

第21课 理财助手

小朋友们好，这节课我们要搭建一个可以投币的智能存钱罐。我们会用颜色传感器来搭建投币装置，通过对反射光强度的判断来识别是否投币；还会用变量模块来编程，实现存钱罐的计数功能。我们赶紧开始今天的课程吧！

扩展知识

布丁博士，我有好多硬币零钱，有5角、1元的，使用起来太麻烦了。我该怎么整理它们啊？

别着急小柱，下面我给你介绍一下整理琐碎零钱的方法。

首先，我们把相同面值的零钱整理到一起：

1. 小面值 1 角、2 角可以用来买菜省去找零的麻烦。

2. 大一点面值的 5 角，1 元的我们可以用来乘坐公交车，既省事又方便。

3、硬币最不好收拾，我们可以放进存钱罐里。今天我们就搭建一个可以计数的智能存钱罐。

搭建知识

小柱，下面要开始搭建存钱罐了。可是我们该怎样做才能知道有没有投入硬币呢？

呃……，我想使用颜色传感器 。

等待模块中，等待颜色传感器检测反射光的强度值的功能：

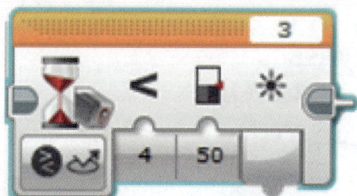

当投入的硬币经过颜色传感器前方时，会引起反射光强度变化，这样我们就能判断是否投入硬币了。

不错，我们需要将颜色传感器搭建在投币口，让它能够检测到投入的硬币就可以了。

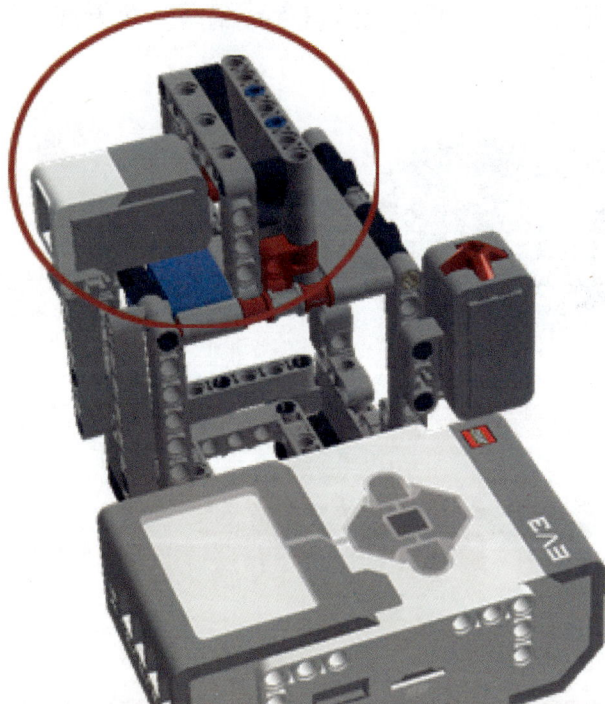

编程知识

布丁博士，下面我们要开始编程了。可是怎样才能实现计数功能呢？

要实现计数功能，我们就需要用到"**变量**"的知识了。**变量**是 EV3 程序中可以存储数据值的模块。

变量好比箱子；投币的数目是数据，就像放在箱子里面的物品。箱子有很多种类，变量也有很多种类；物品可以放到箱子里面，也可以从里面取出来，所以数据既可以写入到变量中，也可以从变量中读出来。**在程序运行期间，可以更改变量的值：每次写入变量时，任何以前的值都会擦除并替换为新值。**

我们要取出箱子里面的物品，找到相应的箱子就可以了，所以我们要给箱子起个名字。我们今天用的变量名字是"money"，变量的类型是数字。

想要将数据显示在 EV3 控制器的屏幕上，我们要将变量读取出来，用连线的方式，将变量的值传输给显示模块，就可以将变量的值显示在屏幕上。

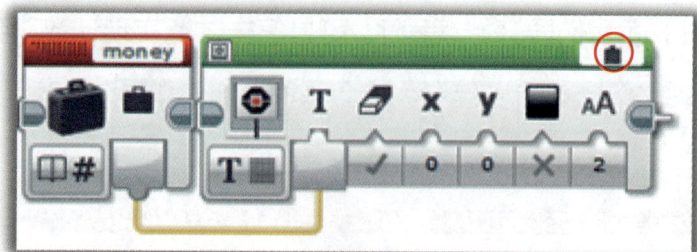

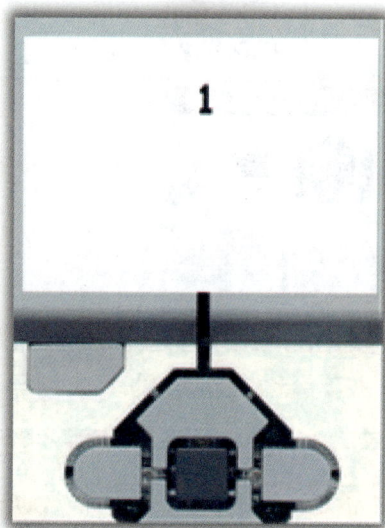

试一试

下面小朋友们和擎天柱一起根据老师讲解的编程思路，试着画一画程序的流程图吧！

小朋友们，今天的课程结束啦，我们一起做几个小练习吧！

1. 这节课中我们是用颜色传感器的哪个功能来检测有没有投币的？（　　）

    A. 检测环境光强度　　　　　　　　B. 检测反射光强度

    C. 检测物体颜色　　　　　　　　　D. 检测物体距离

2. 这节课的程序中，我们为什么要在程序末尾添加等待时间模块？（　　）

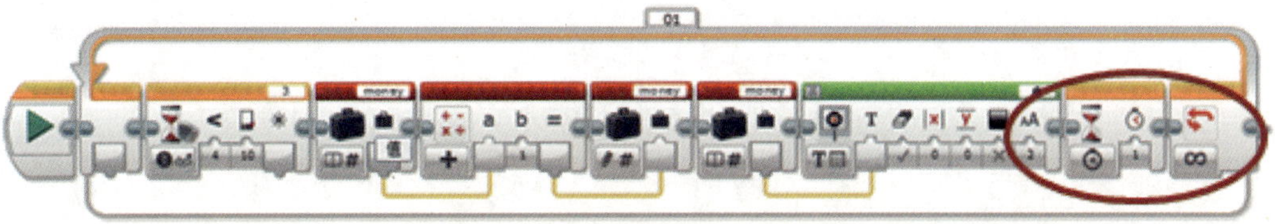

A. 没有等待模块程序不会运行

B. 有了等待模块，可以避免一次投币，多次识别的问题

C. 有了等待模块，屏幕上才会显示变量值

D. 没有等待模块，屏幕显示的计数结果不能累加

3. 这节课中我们学习了变量。假如新建一个名为 moon 的变量，变量的值写入为 1，我们要将变量的值 1 显示在 EV3 控制器的屏幕上，下面正确的编程是（　　）。

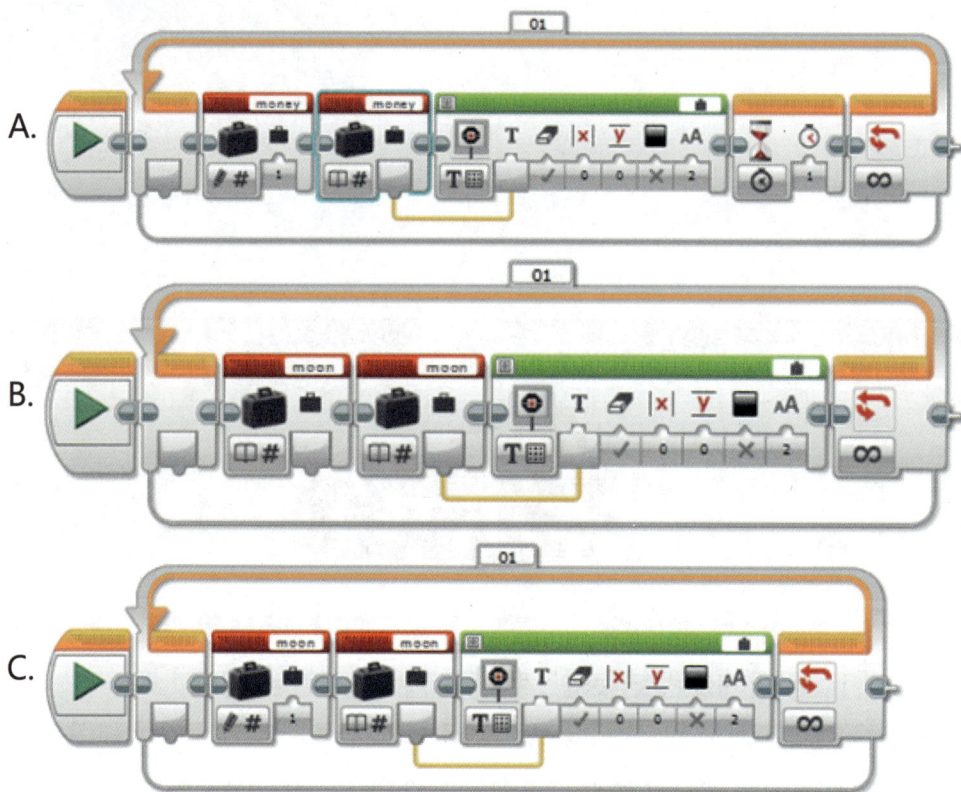

秀一秀

作品合影照片粘贴处

第22课 智能密码箱

小朋友们好，这节课我们要搭建一个能自己设定密码的智能密码箱：我们通过控制器上的按键来输入密码。密码输入正确时，大型电机转动打开密码箱的盖子；密码输入错误时，控制器会发出错误提示音。这节课我们会学习**大型电机的自锁功能**；还会用到编程模块中**变量模块、比较模块和切换模块中的逻辑条件判断**来进行编程。赶紧开始今天的课程吧！

扩展知识

布丁博士，快来帮帮我！零花钱都被锁到保险箱了！

有密码就可以打开保险箱了啊！

呃，我忘记了！

小朋友们，我们不要像擎天柱这样粗心，因为各种各样的密码和我们的生活联系越来越密切。我们一起了解下吧！

现在经常用到的密码是手机的解锁密码：

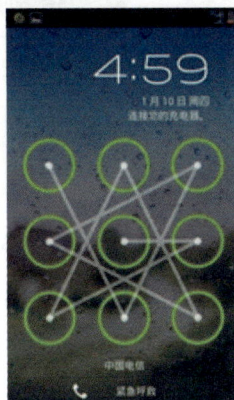

还有指纹密码、虹膜密码、静脉密码等高科技密码：

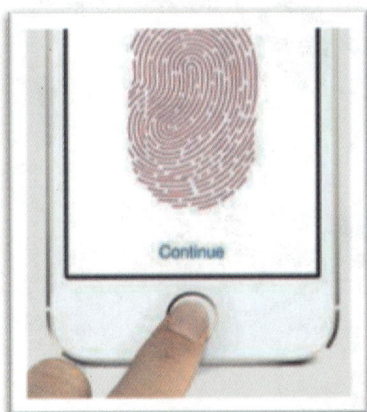

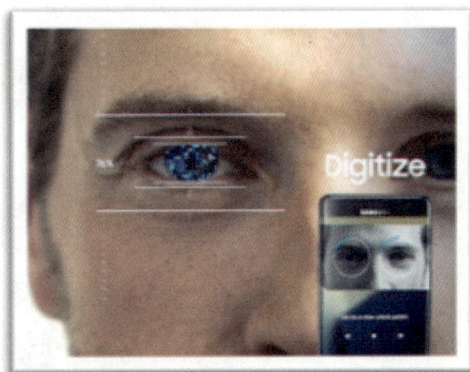

重要的资料比如说小柱的零花钱，需要安全地保管起来。我们就会用到带密码的保险箱。这节课我就带大家搭建一个属于自己的智能密码保险箱。

搭建知识

布丁博士，搭建过程中怎么让保险箱盖子保持抬起位置不落下呢？

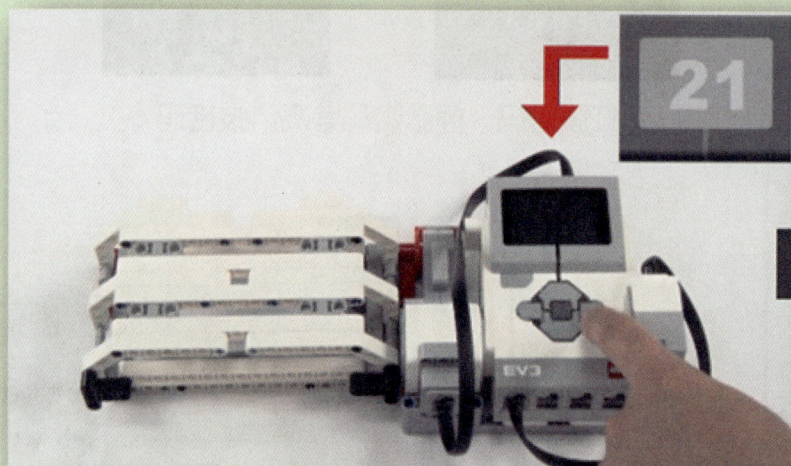

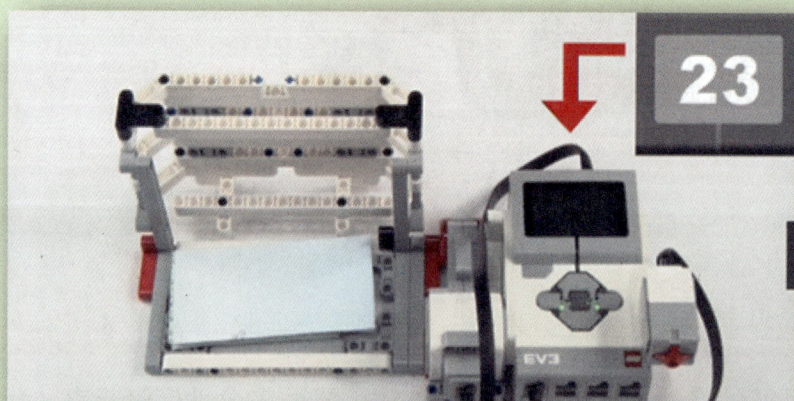

这是因为电机通电后自锁，可以保持在停止位置。利用了电机编程模块中：结束制动时为"真"的知识进行了搭建。

结束时制动为"真"：电机运行完 1 秒后，会保持在停止位置，直到另一个电机模块启动该电机，或是直到程序结束。

如果结束时制动为"伪"：电机运行 1 秒后，关闭电机的电源。电机会惯性滑行，直到停止；或是直到另一个电机模块启动。当我们选择结束时制动为"伪"时，电机是不能保持在一定位置的。小朋友们，你们明白了吗？

编程知识

布丁博士，密码箱搭建完了。我们可以利用上节课学习的"变量"来保存密码。

可是我们该怎么知道输入的密码是不是正确的呢？

比较密码是不是正确，我们就会用到一个新的编程模块：比较模块。

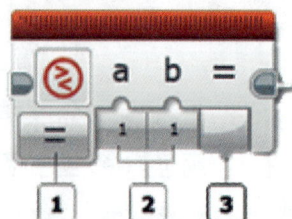

1 模式选择器

2 输入

3 输出

比较模块比较两个数字的大小或者是否相等。可以选择六种不同比较之一。输出结果为"真"或"伪"。

通过使用模式选择器选择模式，来选择要使用的比较类型。模块会通过比较两个输入 A 和 B 来计算，输出结果如下表：

模式		使用的输入	输出结果
=	等于	A, B	如果 A = B，则为"真"，否则为"伪"
≠	不等于	A, B	如果 A ≠ B，则为"真"，否则为"伪"
>	大于	A, B	如果 A > B，则为"真"，否则为"伪"
<	小于	A, B	如果 A < B，则为"真"，否则为"伪"
≥	大于或等于	A, B	如果 A ≥ B，则为"真"，否则为"伪"
≤	小于或等于	A, B	如果 A ≤ B，则为"真"，否则为"伪"

编程时，我们把密码保存到"变量"中。将密码读出到"a"；假设密码箱的密码设置为 23，我们把"b"的值设置为 23。

当密码输入正确时，保险箱盖打开；密码输入错误时，会发出提示音。

判断密码是不是正确的情况，我们会用到切换模块中的逻辑条件判断：把逻辑判断的结果"真"或"伪"放入到切换模块的逻辑条件判断中，如下图：

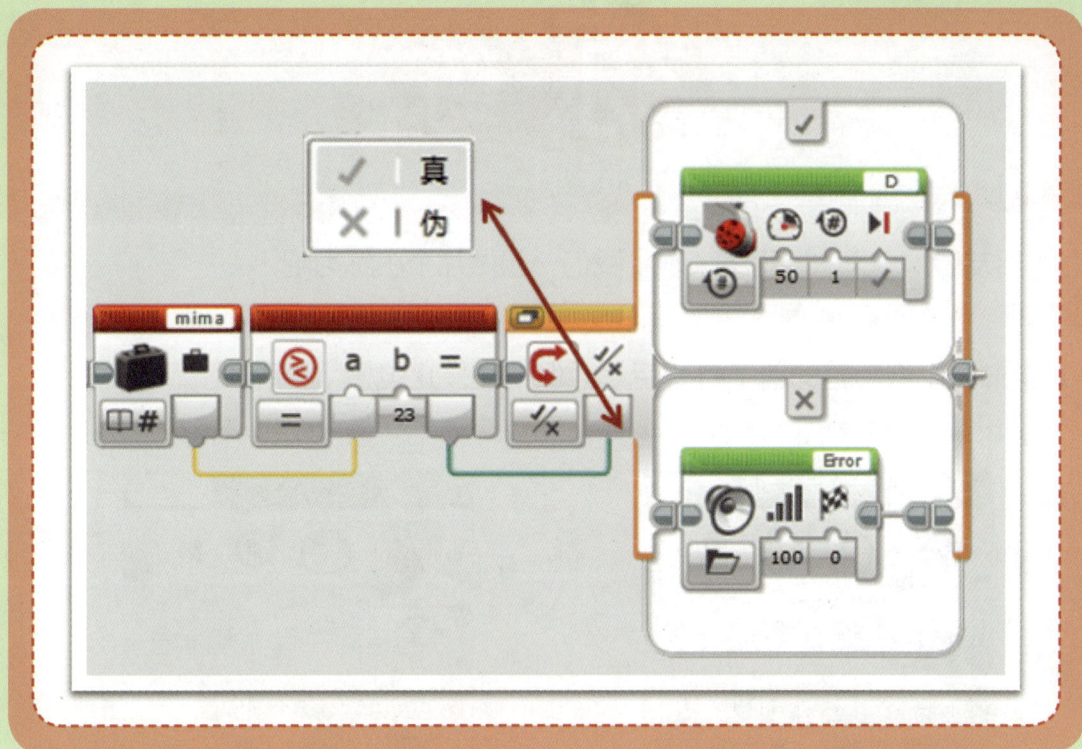

试一试

下面小朋友们和擎天柱一起根据老师讲解的编程思路，试着画一画**程序的流程图**吧！

练一练

小朋友们，今天的课程结束啦，我们一起做几个小练习吧！

1. 这节课中保险箱的盖子打开后，会保持在停止位置，下面**大型电机**模块设置正确的是（   ）。

A.

B.

C.

D.

2. 下列哪个模块是比较模块？（   ）

A.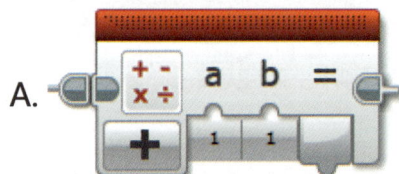

B.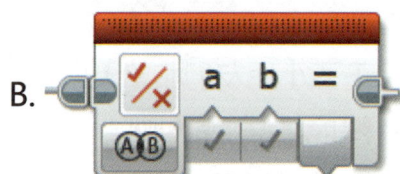

C.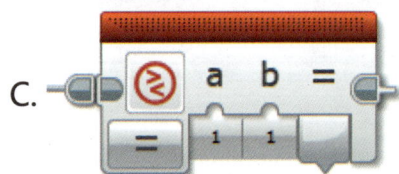

D.

3. 假设我们要读出保存在变量"mima"中的值，让它和 25 比较；
   如果大于 25，播放声音"Error"；
   如果不大于 25，程序块灯闪烁红色；
   下列正确的是（　　　）。

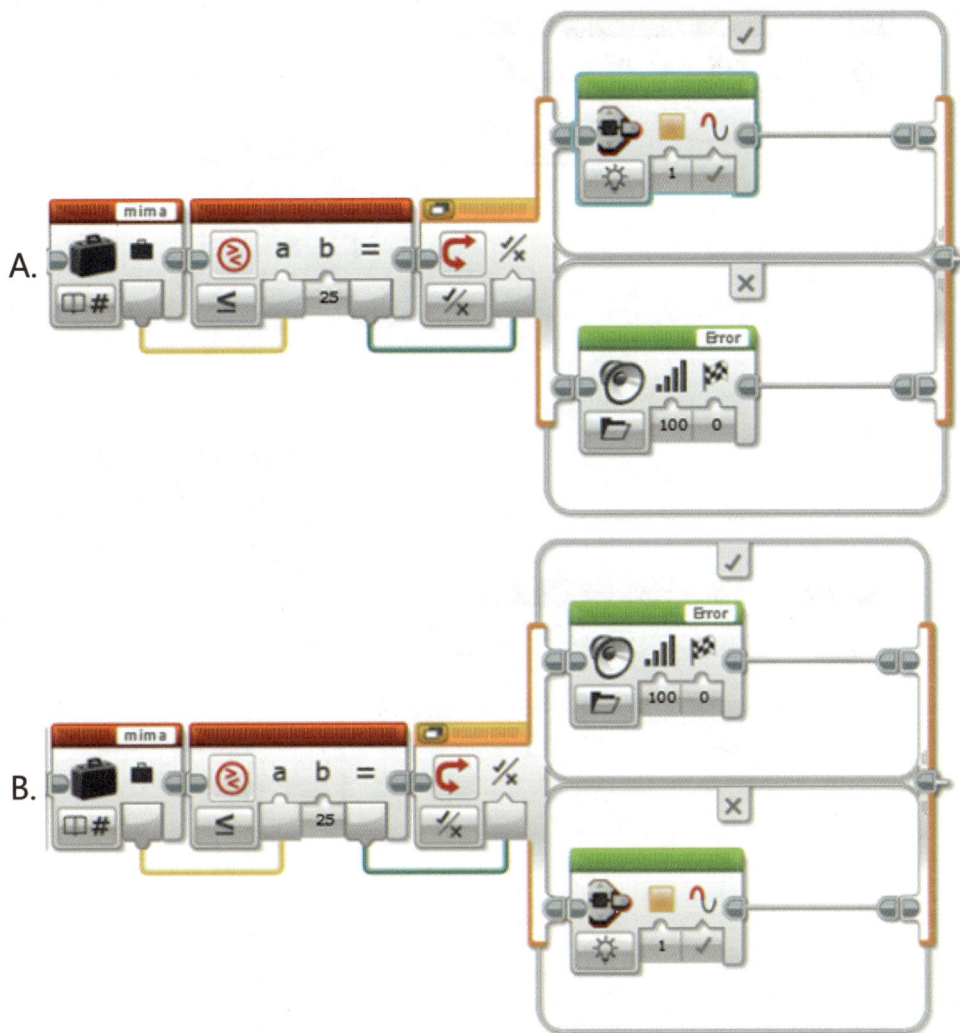

C.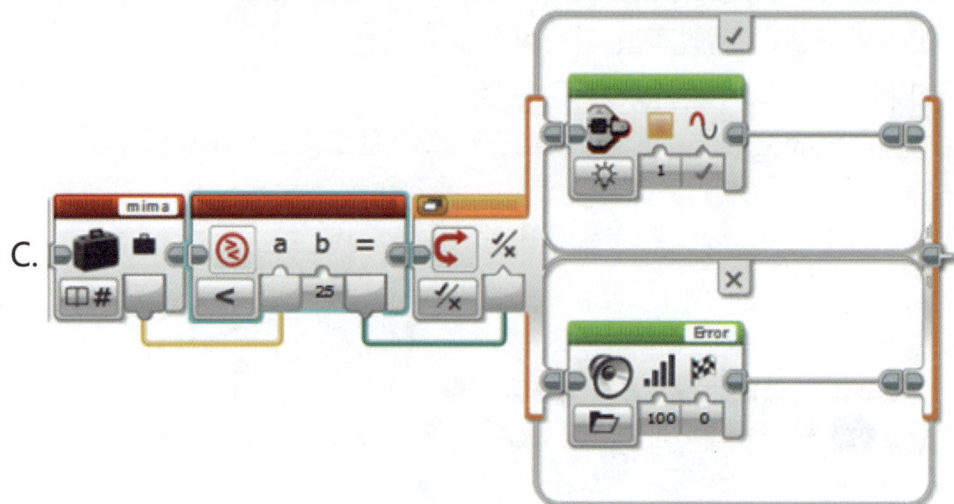

D.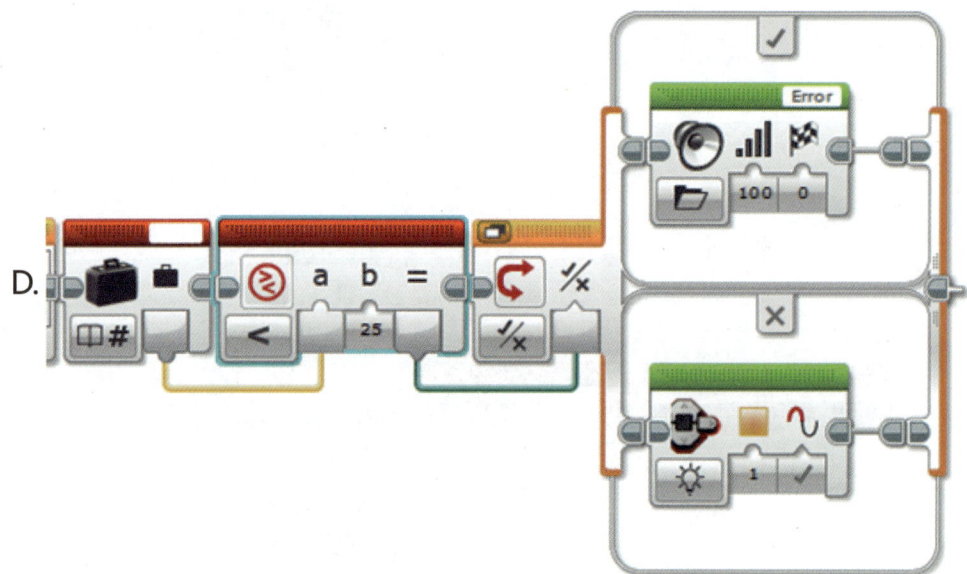

秀一秀

作品合影照片粘贴处

第23课 自助售货机

小朋友们好，这节课我要带大家搭建一个自动售货机。它会用颜色传感器检测投币数量，用触碰传感器来选择商品。我们会学习"开合式抓握"结构的知识；也会学习到变量模块、逻辑运算模块、比较模块等编程模块的综合运用。赶紧开始今天的课程吧！

扩展知识

布丁博士，自动售货机使用太方便了，只需投硬币就能购买商品，还不用排队，好棒！

不错，自动售货机是可以24小时营业的，既节省空间也节省人力。生活中很多地方都用到了它。我们一起了解下吧！

地铁站的自动售票机、电影院的自助取票机，像这样节省了人力、空间和时间的机器都属于自动售货机。

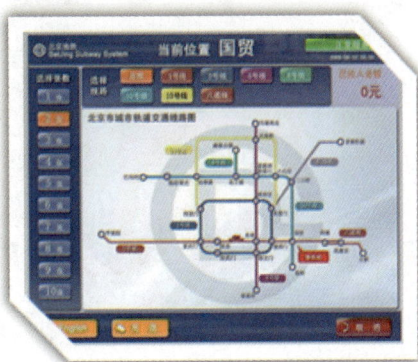

随着科技的发展，自动售货机不但支持投币，还支持微信、支付宝、刷卡等付款方式，真正做到了方便大家。

搭建知识

布丁博士，我们该怎样搭建才能让售货机能自动地将商品抓住和放开呢？

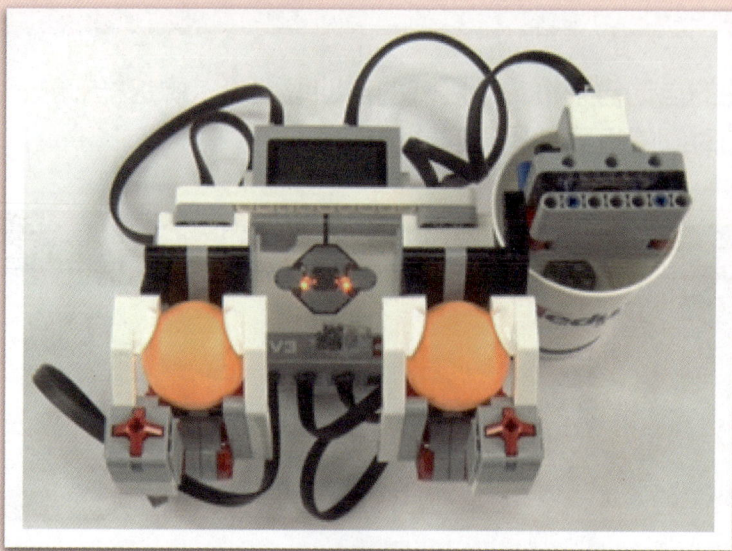

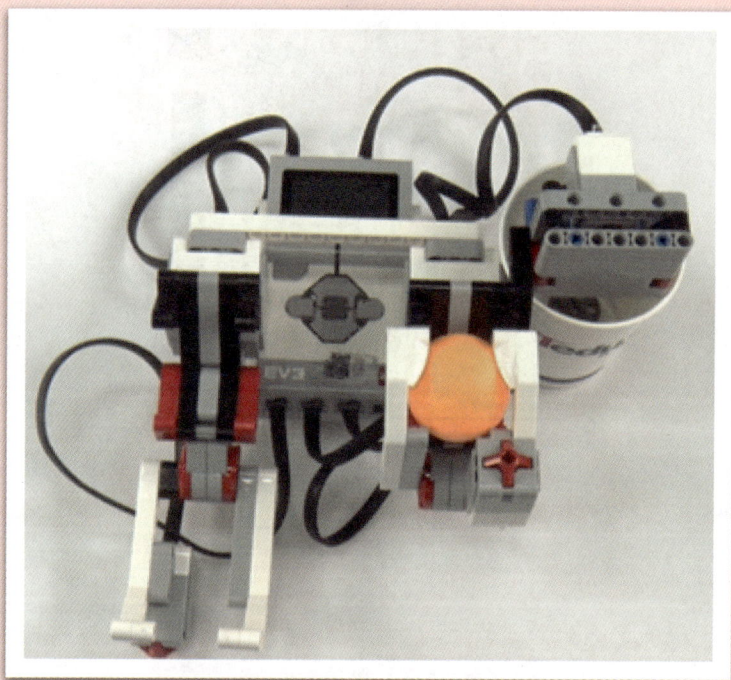

其实这是"开合式抓握"结构。需要用大型电机控制货架的开合。另外，需要根据商品的尺寸来搭建商品的货架。今天我们用乒乓球来作为商品。

我们可以用 3*7 双角梁来搭建抓握结构。根据上节课讲解的电机通电后自锁的知识，程序运行时先让大型电机向抓紧商品的方向运行一小段时间再停止，这样商品就可以牢牢地固定住了。

编程知识

小朋友们，搭建完自动售货机。要开始编程了。我们用触碰传感器来选择商品，并且需要让售货机判断你投入的硬币数量，投币数量和商品价格相等时，才能取走商品；投币数量少于商品价格时，售货机会提示你商品的价格。小朋友们和擎天柱一起思考一下，我们该如何编程呢？

这里考查的是小朋友们对编程模块的综合运用能力。

首先需要用一个变量模块"money"来记录投币数量。当颜色传感器检测到有一个硬币投入时，变量"money"的值加 1 后再写入"money"。这里的给变量值加 1 会用到**数学模块**：

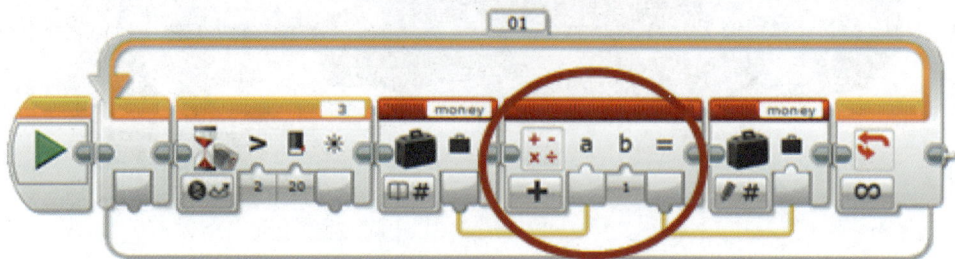

数学模块可以对其输入进行数学计算，然后输出结果。可以对两个数进行简单数学运算，还有可以同时对四个数进行运算。

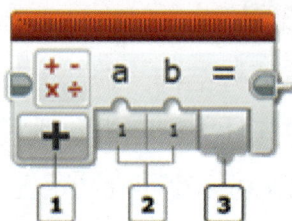

① 模式选择器

② 输入

③ 输出

简单的数学运算模式，也就是加、减、乘、除，可以对两个数进行运算，并可以输出计算结果。下表中显示了这些模式。

模式		使用的输入	输出结果
➕	加	A, B	A + B
➖	减	A, B	A - B
✖	乘	A, B	A × B
➗	除	A, B	A + B
|X|	绝对值	A	如果 A ≥ 0，则为 A，如果 A < 0，则为 -A 结果始终 ≥ 0。
√	平方根	A	$\sqrt{A}$
a^n	指数	A（底数），N（指数）	A^N
ADV	高级	A, B, C, D	A + B - C* D

当我们按下触碰传感器选择商品时，读取变量"money"中存的数值，使用比较模块与商品价格相比较，比较结果用切换模块的逻辑判断选项来实现价格相等时可以取出商品，价格不相等时播报商品价格的两种动作。小朋友们，你们明白了吗？

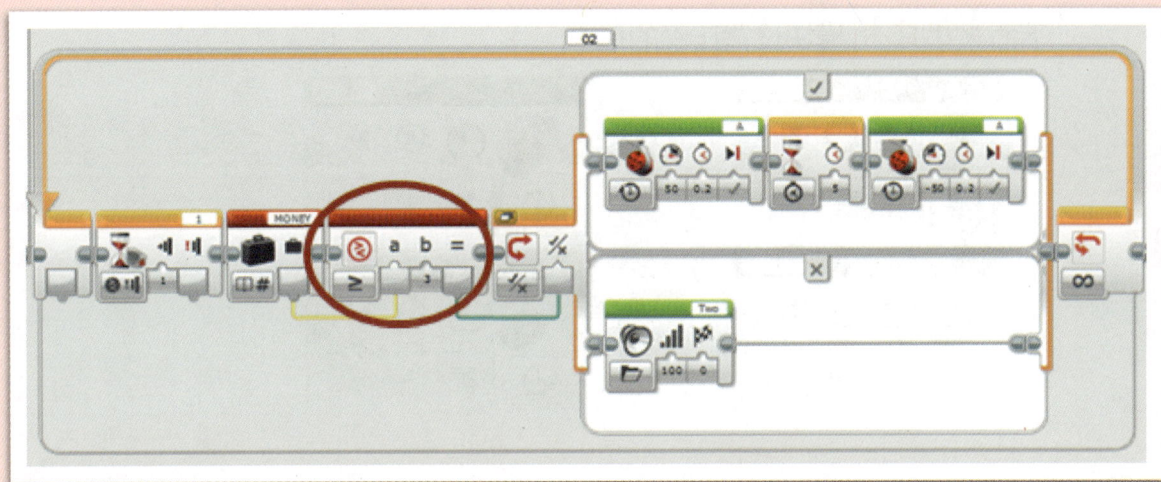

试一试

下面小朋友们和擎天柱一起根据老师讲解的编程思路，试着画一画程序的流程图吧！

练一练

小朋友们，今天的课程结束啦，我们一起做几个小练习吧！

1. 这节课中要把商品固定在货架上必须投入相应金额的硬币后才能取出，下面**大型电机**模块设置正确的是（   ）？

A.

B.

C.

D.

2. 下列哪个模块是数学模块？（   ）

A.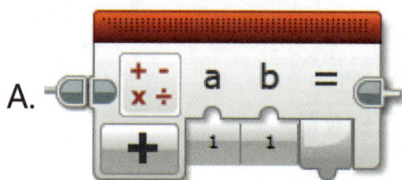

B.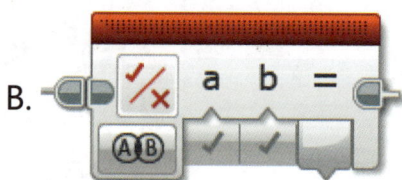

C.

D.

3. 假设用触碰传感器选择商品后，自动售货机要判断投入的硬币数量是否大于商品的价格：如果数量大于商品价格就用投币数量减去商品的价格将余额显示在屏幕上；如果数量不大于商品价格，就播放声音提示商品价格。下面程序正确的是（   ）。

A.

B.

C.

秀一秀

作品合影照片粘贴处

第24课 定时器

小朋友们好，很高兴又和大家见面了！今天我要带着大家搭建一个带有大型电机和控制器的定时器，在搭建中会用到杠杆和间歇性传动的知识，还会利用编程模块的综合应用来给机器人编程。好了，不多说了，快看看今天的课程吧！

扩展知识

布丁博士，我们这节课要搭建的定时器用途非常广泛，那么它在日常生活中都有哪些应用呢？

接下来布丁博士就带大家一起来了解一下定时器吧！

你知道吗？

　　人类最早使用的定时工具是沙漏或水漏，但在钟表普及之后，人们开始尝试使用这种全新的计时工具来改进定时器，达到准确控制时间的目的。定时器确实是一项了不起的发明，使相当多需要人控制时间的工作变得简单许多。比如篮球比赛的计时、微波炉加热时间的计时等。

任务分析

　　看来定时器对我们人类的贡献还是很大的呢！那么我们今天搭建的定时器要完成什么任务呢？需要如何进行编程呢？

　　今天要完成的任务是：开始之后需要设定时间，开始计时之后，显示屏显示的时间会慢慢减为"0"，也就是计时结束，它会发出声音并启动闹铃装置。所以计时器的运行过程可以分为两个部分，一部分是设定时间的程序，一部分是倒计时的程序。下面我们详细看一下设定时间的程序。

在设定时间时，我们要用程序块按钮来实现，这分三种情况。

1. 左键被按压时：变量加 10
2. 右键被按压时：变量减 10
3. 无按压时：显示变量

整个过程需要循环运行。

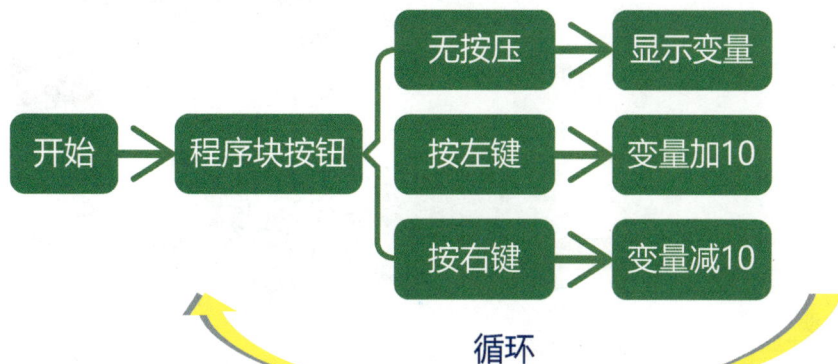

```
                    ┌──→ 无按压 ──→ 显示变量
开始 ──→ 程序块按钮 ──┼──→ 按左键 ──→ 变量加10
                    └──→ 按右键 ──→ 变量减10
                              循环
```

动手实践

任务分析完了，我们要开始搭建机器人了。这节课该如何搭建定时器的闹铃装置呢？

闹铃装置由动力部分和杠杆部分组成。

动力部分由一个大型电机直接驱动一个教具，使它能够转动起来，在转动的同时会不断地向下压杠杆的一边，杠杆另一边就会不断敲击桌面，这样再配合控制器发出的声音，就可以提示我们定时器设置的时间已经到了。

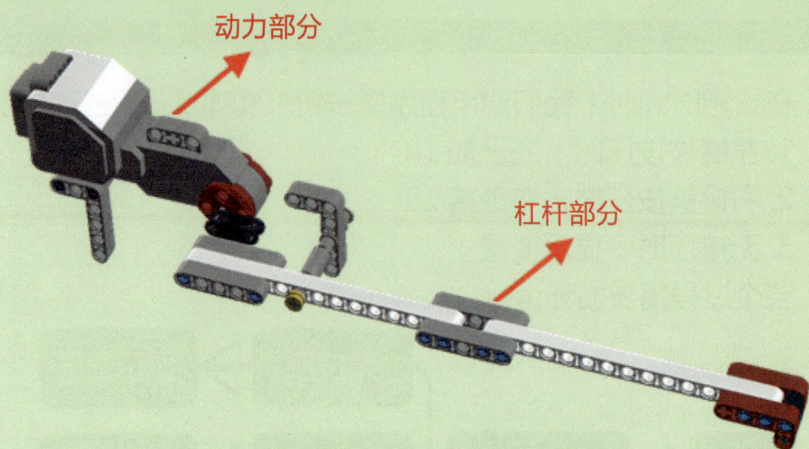

动力部分

杠杆部分

小 知 识

能绕某一固定点转动的硬棒［直棒或曲棒］，叫做杠杆。

杠杆在日常生活中应用十分广泛，比如：剪刀、手推车、筷子都属于杠杆的一种。

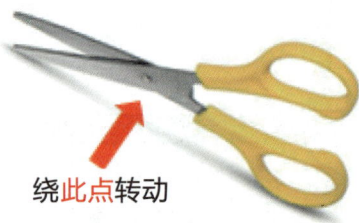

绕此点转动

试一试

根据老师讲解的编程思路，小朋友们和擎天柱一起试着画一画程序的流程图吧。

练一练

小朋友们，今天的课程结束啦，我们一起做几个小练习吧！

1. 下列哪项不是定时器在日常生活中的应用？（   ）

A. 电脑定时开关机   B. 微波炉加热

C. 电饭煲煮饭   D. 定时炸弹

2. 下列哪个选项用到了杠杆？（   ）

A. 剪刀   B. 天平   C. 钓鱼竿   D. 以上都对

3. 在本节课设定时间的程序中有三条分支，其中第二、三条分支后面都有

一个等待模块 ，它有什么作用呢？（   ）

A. 为了让程序完整   B. 减缓程序运行的时间

C. 等按压按钮的动作做完，避免重复识别   D. 不添加等待模块也可以

秀一秀

作品合影照片粘贴处

第25课 相扑比赛

　　小朋友们好，经过前面的学习，我们对机器人的搭建和编程有了一定的基础，接下来我们就要进入比赛课程啦！比赛课程会更加丰富多彩。今天我们就要搭建可以进行"相扑"比赛的机器人，它带有颜色传感器和超声波传感器，通过多传感器的综合应用以及封闭式半包围结构的搭建，能使机器人在规定的比赛场地内有更好的进攻能力和防守能力。快来看看今天的课程吧！

比赛知识

　　小朋友们，在开始搭建之前我们先一起来了解一下相扑的历史吧！

　　相扑，是一种类似摔跤的体育活动，发源于我国，秦汉时期叫角抵，唐朝时传到日本，现为流行于日本的一种摔跤运动，成为日本国技（根据《现代汉语词典》（第6版），相扑读作 xiāng pū）。

小 知 识

运动员在比赛时可以互相抓腰带，握抱头、颈、躯干和四肢，可以用腿使绊，但不许踢对方胸腹，不许伤害对方的眼睛、胃等要害处，不许用拳头打人。比赛时，能使对方身体任何一部分着地（除两脚掌外）即为胜利。在比赛时会在场地上撒盐，一是为了驱邪，二是为了消毒，即使受伤也已做好了防护措施。

接下来我们一起来了解一下本节课的比赛规则吧！

比 赛 规 则

1.比赛为淘汰制，获胜方可晋级下一轮，一局比赛时间为60秒；

2.比赛场地在一个直径为60厘米的圆内；

3.参赛机器人的长、宽、高都在25厘米以内；

4.比赛开始后，两个机器人互相撞击，直到把一方撞出圆外或撞翻，即为获胜方，晋级下一轮。

搭建知识

我们要进行搭建环节了，在日本的相扑比赛中，运动员都是身高体胖，膀大腰圆，那么我们要怎样搭建才能让我们的"相扑机器人"在赛场上所向披靡呢？接下来我们一起来学习一下吧！

在搭建中我们需要用到颜色传感器来识别赛场边缘的黑线，超声波传感器来识别前方是否有对手。有两种方案可以参考。

方案一

方案一中的相扑机器人比较低矮，这样设计的好处是底盘比较稳固。最前面是颜色传感器，用来识别黑线，当识别到黑线时，相扑机器人会向后退，避免冲出赛场。上方的超声波传感器，用来识别前方是否有对手，当识别到有对手时，机器人加速前进。

方案二

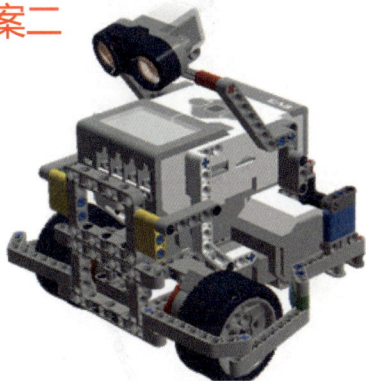

方案二中的相扑机器人高了很多，并且采用了包围式的结构设计，这样设计的好处是不会被对手卡住轮子，保证了动力的输出。识别黑线的颜色传感器也被包围了起来，上方的超声波传感器搭建成向下方倾斜，能更好地发现对手。

搭建知识

布丁博士，我们马上要进行编程啦。相扑比赛是机器人比赛中很经典、很有趣的一个项目，那么我们今天的比赛是如何进行呢？

通过前面的规则介绍我们知道，机器人要在黑线范围内活动，这就需要颜色传感器来识别黑线，当识别到黑线时，机器人后退、转弯，这样可以确保机器人在运行时不越出黑线；我们还需要机器人在发现对手时主动进攻，这时候就需要利用超声波传感器。所以我们的编程也要分为两个方面，需要用到切换模块来进行判断。

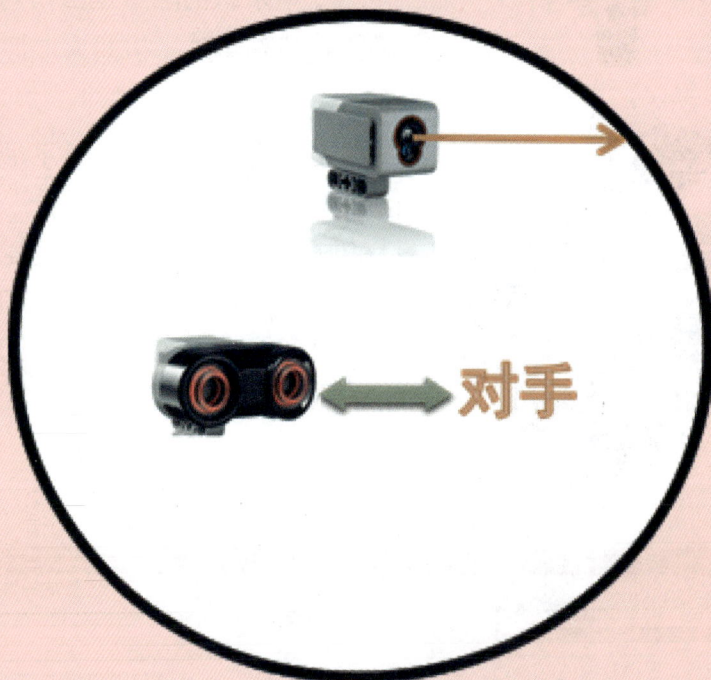

对手

小 提 示

因为涉及两个传感器，所以在编程时要注意传感器判断的优先级。因为在比赛中机器人不能出圈，所以颜色传感器要先检测黑线，保证机器人在黑线范围内，然后超声波传感器检测到对手发起进攻。所以，颜色传感器要优先于超声波传感器进行判断。

试一试

下面同学们和擎天柱一起根据老师讲解的编程思路，试着画一画**程序的流程图**吧！

练一练

同学们，今天的课程结束啦，我们一起做几个小练习吧！

1. 相扑起源于哪里？（　　）

    A. 日本　　　　　B. 中国　　　　　C. 韩国　　　　　D. 朝鲜

2. 在搭建环节中，方案二中的超声波传感器为什么要搭建成向下方倾斜？（　　）

    A. 为了美观　　　　　　　　　B. 可以任意搭建

    C. 更准确地识别对手的机器人　D. 只能搭建成斜的

3. 在本节课的编程环节中，我们为什么要先判断颜色传感器呢？（　　）

    A. 因为颜色传感器在最前面

    B. 确保机器人不出圈

    C. 颜色传感器比超声波传感器更灵敏

    D. 先判断哪一个都可以

秀一秀

作品合影照片粘贴处

第 26 课 争分夺秒

小朋友们好，经过上一节课的学习，对我们的比赛课程是不是很感兴趣呢？今天的任务是在之前"循线机器人"的基础上进行升级。本节课的循线机器人带有两个颜色传感器，在遇到直线时循线机器人可以向前直行而不会左右摇摆，提高了前进速度；当两个颜色传感器同时检测到黑线时，小车停止。因为要判断两个传感器的状态，所以在编程中会用到双层切换结构。快来看看今天的比赛课程吧！

比赛知识

小朋友们可以回顾一下之前课程中完成的循线任务，我们只用了一个颜色传感器，它走起来会左右摇摆，而且行驶速度慢。今天我们要在它的基础上进行升级，使它更快地完成循线任务，获得更好的比赛成绩，接下来我们一起来了解比赛规则吧！

比赛规则

1.让机器人沿着指定黑线进行循线，到达终点时能自动停止；

2.比赛为计时赛，每人有 3 次机会，取最好成绩，如果循线过程中机器人脱离黑线，或者没有停在终点，就失去一次机会；

3.完成比赛且用时最短的同学获得胜利。

了解了比赛规则后，我们一起来了解送餐机器人除了按颜色循线之外，还有哪些方式可以实现送餐。

小 知 识

送餐机器人，包括可沿导轨运行的主体，主体包括头部组件、躯干部组件和机器人手臂，机器人手臂水平托举餐盘，主体内设置有控制器以及与控制器连接的动力装置、驱动装置、行走装置、无线信号传输装置和语音装置，导轨为磁性导轨，主体上设置有循迹定位装置和避障装置；本发明结构简单，不需要复杂的图像运算，节省电能，增加了运行时间。

搭建知识

明白比赛规则后，我们要进行搭建环节了。布丁博士，这次的搭建和之前的循线机器人的搭建一样吗？需要做什么改进吗？

当然有改进啦，小柱，这次我们要展开一场高级的循线比赛，它对机器人的运行速度和稳定性都有很高的要求，所以我们不能用之前的搭建方法了。接下来一起来看一下更好的搭建方法吧！

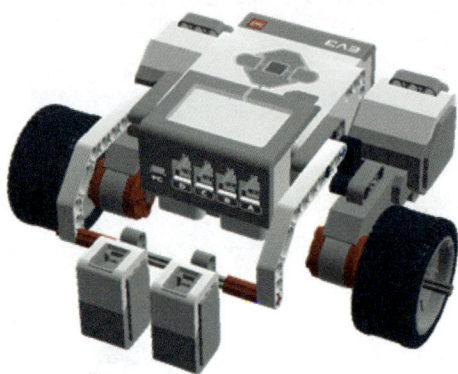

之前我们用一个颜色传感器来让机器人沿黑线行走，但这样机器人会左右摇摆而且走得很慢。我们想到的解决办法是在原有循线机器人的基础上再增加一个颜色传感器（如左图），分别位于黑线两侧，这样循线机器人在遇到直线时就会向前直行，而不会像之前那样，无论是直线还是曲线都是左摇右摆地前行，提高了运行速度。当颜色传感器同时检测到黑线时，也就是到达终点时（终点为横着的一条黑线），小车停止。

在搭建颜色传感器时，要注意两个传感器之间的距离，如果距离比较远，机器人运行起来后左右摆动的幅度会很大；如果距离比较近，两个颜色传感器会同时识别到黑线，也不是我们想要的结果。小朋友可以根据老师的建议来搭建属于自己的机器人。

编程知识

小朋友们，马上要进行编程啦。今天我们要做双颜色传感器的循线机器人，接下来一起分析一下编程思路吧！

我们用两个颜色传感器来识别黑线，所以在放置机器人的时候可以把颜色传感器放置在黑线两边。

编程的基本思路：让黑线一直位于两个颜色传感器的中间，这样机器人就能沿着黑线前进了。因为线路不是笔直的，总有一侧的传感器能检测到黑线。当左侧传感器检测到黑线，那么我们要让机器人左转远离黑线；同样的道理，如果右侧机器人检测到黑线，那么我们要让机器人右转远离黑线。这样就能保证两个颜色传感器在黑线的两侧了。最后到达终点时两个颜色传感器同时检测到黑线，机器人停止。因为要判断两个传感器的状态，所以要用到双层切换模块。

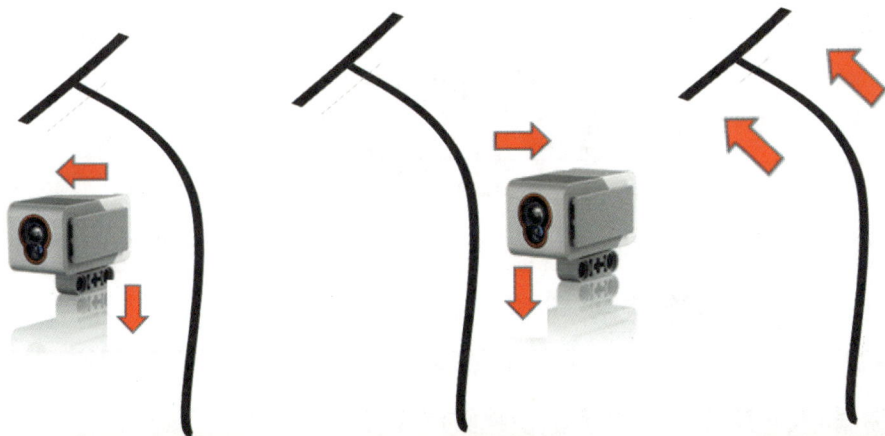

左侧传感器检测到黑线 左转

右侧传感器检测到黑线 右转

两侧传感器都检测到黑线 停止

试一试

正确！那下面小朋友们和擎天柱一起根据老师讲解的编程思路，试着画一画程序的流程图吧！

练一练

同学们，今天的课程结束啦，我们一起做几个小练习吧！

1. 送餐机器人通常是如何确定送餐路线的？（   ）

　　A. 人工控制　　　　　　　　B. 固定轨道

　　C. 由传感器控制路线　　　　D. 雷达探测

2. 除了颜色传感器，你认为送餐机器人避障装置还可以用哪些传感器？
（　　）

A. 超声波传感器　　　　　　B. 陀螺仪传感器

C. 触动传感器　　　　　　　D. 只能用颜色传感器

3. 在本节课的编程环节中，转弯参数与功率参数要相互配合，如果转弯参数与功率参数过大，循线机器人会怎么样？（　　）

A. 会更快完成任务　　　　　B. 会脱线

C. 摆动幅度过大　　　　　　D. 单次循环前进距离增加

秀一秀

作品合影照片粘贴处

第27课 积少成多

小朋友们好，很高兴又见到大家，我们上节课的任务是常规比赛里最基础的任务，今天这堂课我们要来完成 WRO 比赛里的一个经典赛事。它是一个带有**颜色传感器**的机器人小车，它会按照一定的路线行驶，在完成多个任务时会合理规划路线，同时可以识别不同的颜色。在编程时会使用创建**我的模块**的方法来使编程变得简洁高效。好了，不多说了，赶快看看今天的课程吧！

比赛知识

小朋友们，我们先一起来看一下比赛场地以及了解一下比赛规则吧！

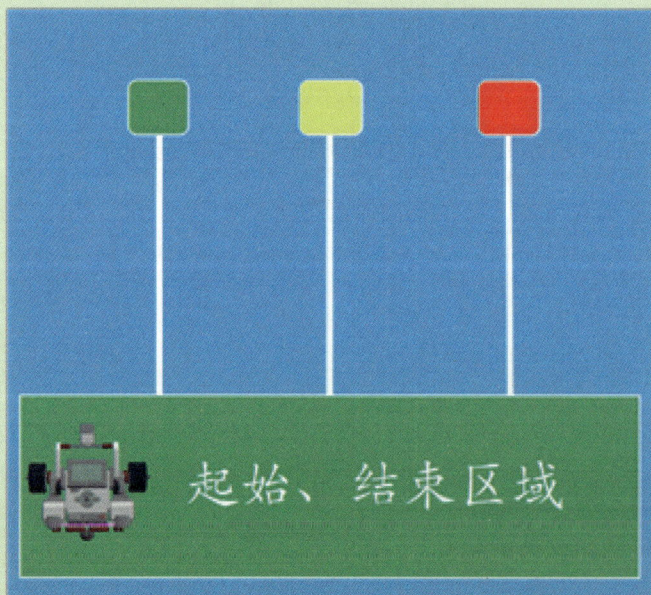

起始、结束区域

比 赛 规 则

1.机器人从起点出发，识别 3 个色块的颜色，并用语音报出这个颜色，然后返回结束区域；

2.比赛时间为100秒，可以多次尝试，取最好成绩；

3.总分为10分，包括：语音报出绿色加1分，报出黄色加2分，报出红色加3分，最后返回结束区域加4分。

接下来，我们一起来了解一下 WRO 比赛吧！

WRO™
World Robot Olympiad

"国际奥林匹克机器人大赛"（WRO，World Robot Olympiad）其中机器人世界杯系列活动是一项综合教育与科技的国际性活动，也是学术成分最高的赛事。机器人世界杯的概念是于 1993 年提出，经过 2 年的可行性考察，于 1995 年 8 月，组织委员会正式宣布举行世界性的机器人交流和机器人足球赛。世界青少年机器人奥林匹克竞赛，是一场专属于青少年的盛宴，WRO 旨在组织世界各国少年以友好的方式参与机器人竞赛，培养机器人爱好者思考和解决问题的技巧。

搭建知识

接下来小柱带着小朋友们一起进入搭建环节，我们一起来看下简单的搭建方案吧！

因为今天要用机器人去识别正前方的色块，所以我们需要将颜色传感器朝前搭建，这样更有利于识别色块的颜色。

小柱在这里只是给出一个颜色传感器如何搭建的方案，机器人的具体搭建方案还需要小朋友们自己去想，可以按照自己的理解搭建出具有独特风格的机器人。

编程知识

搭建完成后进入编程环节，今天的机器人要完成的任务非常复杂，那么我们该如何进行编程呢？

我们先来分析一下机器人的运动轨迹： 机器人从起始位置出发→前进，识别到第一个色块；要想识别第二个色块，需要走一个 U 型路线（也就是机器人后退、右转、前进、左转、前进）；同样的道理，再走一个 U 型路线去识别第三个模块。最后要回到结束的区域。具体路线参照下图：

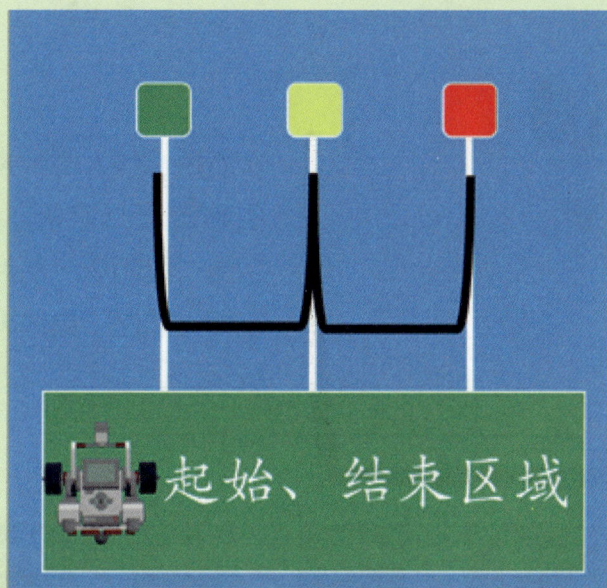

起始、结束区域

我明白了博士，根据机器人的路线图我们可以写出编程思路啦。可是"识别颜色"和"U 型路线"要怎么进行编程呢？

非常棒小柱！"识别颜色"和"U 型路线"是比较难的部分，接下来我们针对"识别颜色"和"U 型路线"部分进行分析。

```
颜色传感器 ─┬─ 无色 ➤ 不发音
           ├─ 绿色 ➤ Green
           ├─ 黄色 ➤ Yellow
           └─ 红色 ➤ Red
```

左图是编程中颜色传感器的部分，需要用到颜色传感器的多分支切换模块去识别不同颜色，报出相应的声音，并且要单击"+"添加四个分支。

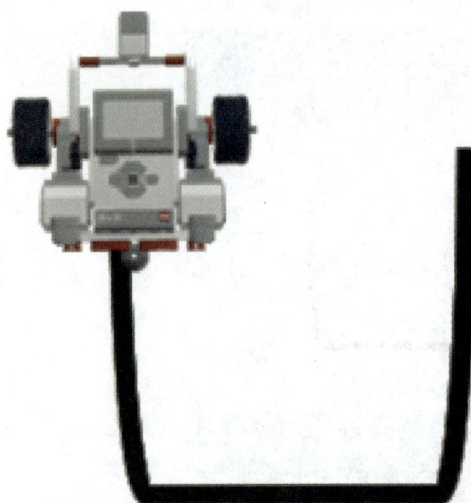

左图是机器人需要走的 U 型路线，要想走出 U 字型，需要机器人先后退一段距离，然后右转→前进→左转→前进，具体编程思路如下图所示。

开始 ➤ 后退 ➤ 右转 ➤ 前进 ➤ 左转 ➤ 前进

同学们要注意，后退的距离不能太长或太短，要给右转或左转留出相应的空间，同样右转或左转时最好要转成直角，这样才能更好、更准确地识别色块。

我明白啦，博士，可是从上面的编程思路中我们发现"识别颜色"出现了 3 次，"U 型路线"出现了 2 次，那是不是每次都要重新编程呢？

不用的，小柱，我们可以使用创建"我的模块"的方法，避免重复编程。我们一起来学习一下吧！

以走 U 型路线为例，为大家分析一下如何创建"我的模块"。

首先，要完成具体 U 型路线的编程，如图 1 所示，完成后全部选中，单击左上角"工具"菜单，选择"我的模块创建器"，如图 2 所示，会出现如图 3 所示的对话框，然后我们可以在文本框中输入名字，并且可以添加描述，也可以选择模块的图标；修改完成后单击"完成"按钮，"我的模块"就编辑好了。

图 1

图 2

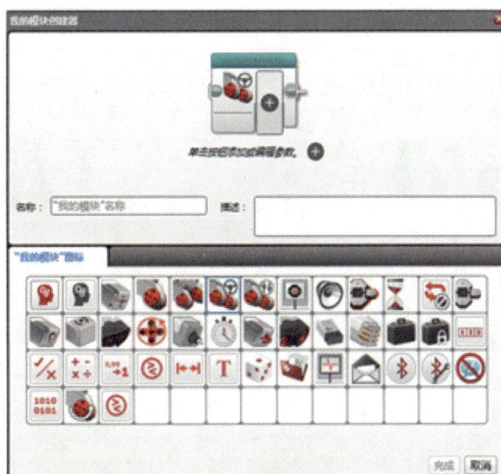

图 3

试一试

下面同学们和擎天柱一起根据老师讲解的编程思路，试着画一画**程序的流程图**吧！

练一练

同学们，今天的课程结束啦，我们一起做几个小练习吧！

1. 三原色是哪三种颜色？（   ）
   A. 红、白、黑
   B. 红、绿、黄
   C. 红、绿、蓝
   D. 绿、黄、蓝

2. 在本节课中我们学习了新的模块，叫"我的模块"，那么在什么情况下需要用到"我的模块"呢？（   ）
   A. 某个程序使用编程模块较多，且这段程序重复出现
   B. 一个编程模块重复出现
   C. 任何情况都不对
   D. 以上都不对

3. 下列选项中哪项不是"我的模块"的优点？（   ）
   A. 方便储存和使用
   B. 节省编程界面空间
   C. 增加其他模块没有的功能
   D. 让程序看起来更清晰

秀一秀

作品合影照片粘贴处

第28课 祖玛祖玛

小朋友们好，很高兴又和大家见面了。我们上节课的机器人可以识别不同的颜色，而我们今天搭建的是带有吐球装置的机器人，它可以在识别不同颜色的基础上，在不同颜色的区域吐相应数量的小球。我们还会用到编程中"我的模块"、多分支切换，以及通过变量数据控制的循环次数来进行编程。好了，不多说了，赶快看看今天的比赛课程吧！

比赛知识

小朋友们先跟着小柱一起来了解一下比赛场地和比赛规则吧！如图1所示，一共有红、黄、绿3个颜色的区域，我们可以选择红色或者绿色区域为起始区域。

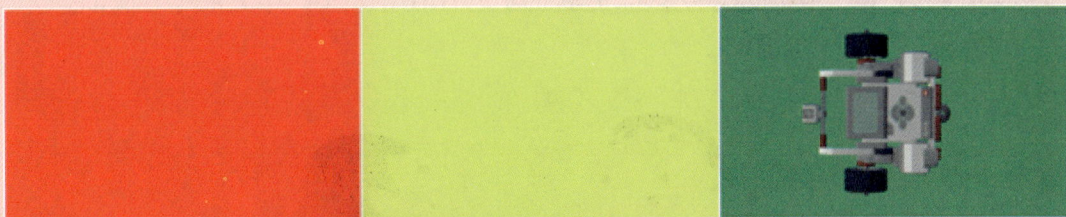

图1

比 赛 规 则

1. 现场老师随机指定起点，参赛机器人从起点出发，识别 3 个区域的颜色，并且在相应的区域，吐出对应数量的球；

2. 满分10分，包括：
➤ 绿色区域吐1个球，正确得1分；
➤ 黄色区域吐2个球，正确得2分；
➤ 红色区域吐3个球，正确得3分；
➤ 独立完成吐球装置搭建得4分；

3. 比赛时间为100秒，可以多次尝试，取最好成绩。

球类比赛有很多，中国比较出名的是乒乓球，下面我们一起来了解下乒乓球比赛吧！

小 知 识

（pīng pāng）乒乓球，中国国球，是一种世界流行的球类体育项目，包括进攻、对抗和防守。乒乓球起源于英国，"乒乓球"一名起源自1900 年，因其打击时发出"ping pang"的声音而得名，2000 年悉尼奥运会之前，国际比赛用球的直径为 38mm，2000 年之后，国际比赛用球的直径为 40mm。

搭建知识

明白比赛规则后，我们要进行搭建环节了，今天的机器人有两个比较重要的装置，一个是颜色传感器装置，另一个是吐球装置。下面我们一起来看一下吧！

图 2

颜色传感器装置：

如图 2 所示，颜色传感器朝下看，来识别不同区域的颜色。要注意颜色传感器与地面要有一段距离。

图 3

吐球装置分为上下两个部分，分别为动力部分和盛放球的部分。

图 3 为动力部分，中型电机驱动两个三叉轴，三叉轴转动时，可以拨动小球。

图 4

图 4 为盛放球的部分，搭建一个封闭式的结构，并且连接到动力部分的上面。将球放入到装置里，当中型电机启动时，三叉轴可以将装置里面的球拨出来。

编程知识

布丁博士，我们马上就要进行编程环节了，本节课的编程需要注意什么呢？

今天的任务比较复杂，我们先来分析一下编程思路：要让机器人识别不同区域的颜色，然后再吐相应数量的球。假设我们规定从绿色出发，机器人识别到绿色吐1个球，然后走到下一个区域（黄色区域），吐2个球，最后到红色的区域，吐3个球。那么我们如何让机器人在不同的颜色区域与吐球的数量对应起来呢？

我们可以用变量来解决这个问题。接下来详细分析一下"识别颜色"（图5）和"吐球"（图6）这两部分的程序。

开始 → 颜色传感器

无色 → 无反应
绿色 → 变量+1
黄色 → 变量+2
红色 → 变量+3

图5

开始 → 中型电机 → 等待 → 读取变量

循环x（x为变量当前值）次

图6

试一试

下面同学们和擎天柱一起根据老师讲解的编程思路，试着画一画程序的流程图吧！

练一练

同学们，今天的课程结束啦，我们一起做几个小练习吧！

1. 目前国际乒联比赛所用的乒乓球直径是多少？（　　）

A.38mm　　　　B.39mm　　　　C.40mm　　　　D.41mm

2. 机器人吐球之后为什么要等待一段时间呢？（　　）

　　A. 中型电机需要休息　　　　　　B. 为使吐球过程更加流畅

　　C. 机器人需要时间行走　　　　　D. 不等待也可以

3. 在本节课的程序中我们为什么把变量模块和循环模块连接到一起？
（　　）

　　A. 为了实现吐出相应数量的小球　　B. 使程序完整

　　C. 为了起到循环作用　　　　　　　D. 不连接也可以

秀一秀

作品合影照片粘贴处

第29课 多劳多得

小朋友们好，很高兴又和大家见面啦！经过上一个单元的学习小朋友们是不是收获很多呢？今天我要带着大家完成一个多劳多得的比赛。我们会用到两个**大型电机**和一个**中型电机**来搭建机器人，并且利用**四边形结构搭建套取装置**，在同一个场地里，在规定的时间内看谁抓取的小球数量最多。在编程时我们需要**精确地调整电机运行的参数**，来使比赛进行的更顺利。好了，不多说了，赶快看看今天的比赛课程吧！

比赛知识

小朋友们，我们一起来看下比赛场地和比赛规则吧！

抓球区

起始区域

比赛规则

1. 机器人从起始区域出发，到抓球区，把球带回到起始区域；

2. 满分100分，一共20个球，每个球5分；

3. 回到起始区域后，起始区域与抓球区以外的球均为无效球，不计入成绩；

4. 比赛时间为30秒，得分最高的同学获胜。

本节课的比赛任务有点和工地上的搬运工作相似，那么我们一起来了解一下关于工地上的小知识吧！

小 知 识

平时我们会见到许多工地上的人都戴着安全帽，也许有人会认为那些五颜六色的安全帽是个人喜好问题，实际上，安全帽并不是五颜六色，也不是个人喜好，而是有相关规定的！

戴白色安全帽的，一般是工程的中、高层管理者，主要负责工地的计划实施以及工程质量。

戴蓝色安全帽的，一般是技术人员。红色安全帽和蓝色安全帽根据企业的不同，选择也是不同的，总之大部分为技术人员佩戴。

戴红色安全帽的人群相对复杂，不过一般可分为两类：技术人员及中低层管理人员。

最普遍的是戴黄色安全帽的普通工人。目前，我国工地的普通工人均佩戴黄色安全帽。

搭建知识

明白了比赛规则后，我们要进行搭建环节了。怎样搭建才能让我们的机器人能更好地完成任务呢？

今天的机器人一共分为两个比较关键的部分；第一部分是机器人小车，这一部分由小朋友们自由设计并搭建出来。第二部分是套取装置的部分。接下来我们一起来看一下这一部分的搭建。

盛放球装置

四边形结构

如上图所示就是我们机器人的套取装置的部分。从图中可以看出，中型电机提供动力，四边形传递动力；四边形竖着的一边直接与小车进行连接，横着的一边是中型电机直接驱动的，利用四边形易变形的结构特点，这样搭建出来的运球装置就可以抬起或放下。

前面是盛放球的部分，我们用到了一些教具将它围了起来，这样就可以防止在运送球的过程中有小球脱落。

编程知识

小朋友们，我们马上要进行编程啦。快一起来看一下今天的编程思路吧！

今天我们要完成的是抓球任务。从下图可以看出，机器人刚开始在起始区域出发，走到抓球的区域，运行前面的套取装置，抓取一定数量的球，回到起始区域，把球卸下，然后开启第二次抓球。

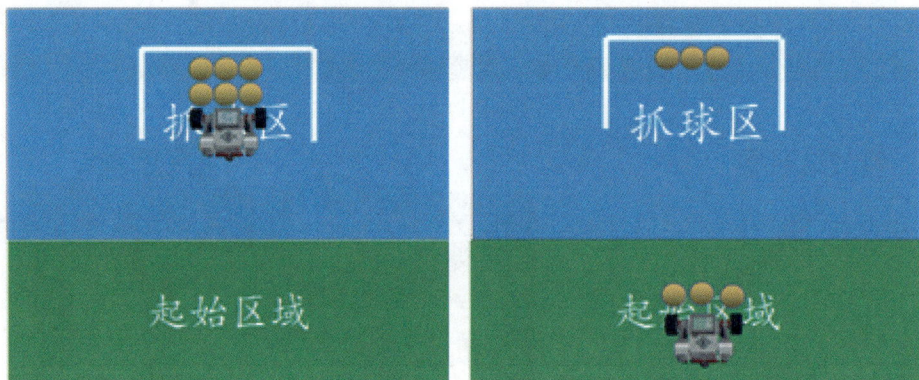

明白啦，博士！但是在任务分析中我们能看出，机器人需要有前进、后退的动作，所以会用到移动转向模块，我们可以设置开启指定的度数，这样可以精确地调整前进或后退的距离。在运行中型电机时，因为要控制套取装置，所以我们要开启指定的时间，以避免出现卡顿的现象。

试一试

下面同学们和擎天柱一起根据老师讲解的编程思路，试着画一画**程序的流程图**吧！

练一练

同学们，今天的课程结束啦，我们一起做几个小练习吧！

1. 小王是一处工程的高层管理者，那么在进入工地时应戴什么颜色的安全帽？（　　　）

A. 白色　　　　　　B. 蓝色　　　　　　C. 红色　　　　　　D. 黄色

2. 为什么要把运送球的装置搭建为四边形？（　　　）

    A. 为了美观　　　　　　　　　B. 三角形也可以

    C. 利用四边形易变形的特点　　D. 为了作品的稳固

3. 在本节课的编程环节中，大型电机的参数为什么要修改为一定的度数？
（　　　）

    A. 只能转一定的度数　　　　　B. 让机器人走更精确的距离

    C. 改为一定的圈数也可以　　　D. 直接修改为开启也可以

秀一秀

作品合影照片粘贴处

第30课 慧眼识真

小朋友们好，很高兴又和大家见面啦！上节课我们进行了非常有意思的比赛，在同一场地规定的时间内看谁抓取的小球最多。今天我们要进行 WRO 赛事里一场经典的任务，叫做"慧眼识真"，需要我们识别不同颜色的色块。我们会学习携带式结构机器人比赛的知识，在搭建中会用到有选择性的携带装置，还会用到循环中断模块的高级应用。比赛内容非常精彩，我们一起来看看吧！

扩展知识

小朋友们，我们先一起来看下比赛场地，了解一下比赛规则吧！

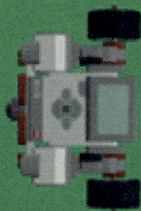

起始区域

结束区域

比赛规则

1. 机器人从起始区域出发，沿直线行走，同时识别色块颜色，带走红色色块，留下蓝色色块；

2. 机器人走到结束区域把红色色块放在此区域，然后后退离开结束区域；

3. 比赛满分100分，每个色块20分，将红色色块放在结束区域、蓝色色块保持在原有位置，才能得到相应的分数；

4. 得分最高的同学获胜。

在日常生活中会有人分不清颜色，我们称之为"色盲"。下面我们来简单了解一下什么是"色盲"。

小知识

先天性色觉障碍通常称为色盲，它不能分辨自然光谱中的各种颜色或某种颜色；而对颜色的辨别能力差的则称色弱。色弱者虽然能看到正常人所看到的颜色，但辨认颜色的能力迟缓或很差，在光线较暗时，有的几乎和色盲差不多，或表现为色觉疲劳，它与色盲的界限一般不易严格区分。色盲与色弱以先天性因素为多见。男性患者远多于女性患者。

由于红绿色盲患者不能辨别红色和绿色，因而不适宜从事美术、纺织、印染、化工等需色觉敏感的工作。驾驶员不得有红绿色盲、色弱。因为，有红绿色盲的人就不能正确辨认交通指挥信号、交通标志以及前方车辆的信号灯（制动、转向）的颜色等；色弱的人在黄昏和夜晚，对闪烁着各种颜色的灯光也辨不清是红色或绿色，很容易发生交通事故。

搭建知识

明白比赛规则后，我们要进行搭建环节了，该怎样搭建才能实现带走红色色块留下蓝色色块呢？

其实很简单，小柱，下面是给大家的搭建方案，同学们可以根据自己的理解，搭建出具有独特风格的机器人，我们一起来看一下吧！

动力装置

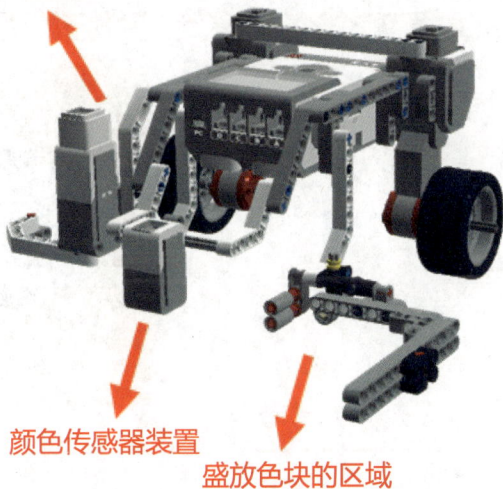

颜色传感器装置

盛放色块的区域

机器人的搭建大体分为三个部分。首先我们的车要是一个高架车，下面是空的，这样在识别到蓝色色块时不会将它带走。

小车的前方要安装有颜色传感器，并且向下看，是用来识别不同颜色色块的。注意，颜色传感器要和地面有一定的距离。

我们还需要用一个中型电机来做机器人的动力装置，中型电机驱动 3*7 双角梁（也可以是别的器材）将色块拨到盛放色块的区域里。机器人在行进过程中就可以将色块带走。

编程知识

布丁博士，我们马上要进行编程啦！今天的任务是如何编程的呢？

机器人要在红色和蓝色 5 个色块中识别红色色块并把它们放到结束区域。当识别到蓝色色块时，机器人直接经过，去识别第二个色块，当识别到红色色块后我们就要启动机器人的动力装置配合盛放色块的装置，将红色色块带走，再次识别到红色色块时就要进行相同的操作。直到把两个红色色块放到结束区域，然后机器人退出这个区域。

起始区域

结束区域

布丁博士，机器人的任务我们明白了，可是在赛场中共有红色和蓝色 5 个色块，我们并不知道红色色块的位置，那么该如何识别红色色块呢？

因为我们不知道红色色块的位置，所以每一个色块都要去识别。这时候就要用切换模块去识别两种颜色，然后再去判断是否是红色，如果是，我们就启动中型电机将色块带走，如果不是，那么中型电机不进行任何操作，如果颜色传感器没有识别到任何颜色，机器人前进，因为一共有 5 个色块，所以机器人需要识别 5 次，这时就需要用变量去控制颜色传感器识别的次数。

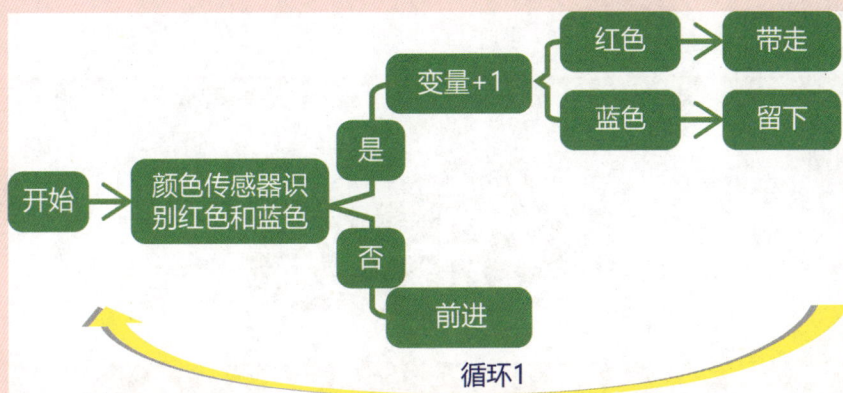

循环1

这样我就明白了，博士，最后我们可以新建一条程序分支，判断变量是否等于 5 就可以啦。

试一试

下面同学们和擎天柱一起根据老师讲解的编程思路，试着画一画**程序的流程图**吧！

练一练

同学们，今天的课程结束啦，我们一起做几个小练习吧！

1. 对于有红、绿色盲症的人，不能从事下列哪项工作？（　　）

   A. 教师　　　　B. 驾驶员　　　　C. 工程师　　　　D. 厨师

2. 在编程时机器人识别到不同颜色的色块后都需要给变量值加 1，那么这个变量有什么作用呢？（　　）

   A. 对循环次数有控制　　　　B. 单纯的计数

   C. 使程序完整　　　　D. 起连接作用

3. 判断：在本节课的搭建中，颜色传感器离地面多远都可以，只要颜色传感器是向下看就行。（　　）

   A. 正确　　　　B. 错误

秀一秀

作品合影照片粘贴处

第31课 对号入座

小朋友们好，很高兴又和大家见面啦！今天这节课进行一场叫做"对号入座"的比赛，机器人会携带不同颜色的色块，利用推送装置将色块放到与之颜色相同的区域，在编程中我们会学到如何根据初始条件来规划路线。好了，不多说了，赶快看看今天的比赛课程吧！

比赛知识

小朋友们，我们先一起来看一下比赛场地，了解一下比赛规则吧！

比 赛 规 则

1. 机器人携带不同颜色的色块，从起点出发，把色块放到与色块本身颜色相同的区域；

2. 比赛满分为100分；每放对一个色块得50分，但是如果色块没有在放置区域内，每个色块只能得到20分；

3. 比赛结束后得分最高者获胜。

小朋友们，本节课叫做"对号入座"，我们在日常生活中乘坐火车时也要"对号入座"，那么火车上的座位号都有哪些规律呢？

小 知 识

铁路交通越来越发达，乘坐火车出行逐渐成为人们出行的首选方式。那么火车上的座位号都有哪些规律呢？

火车座位号分布（除高铁、动车外）：凡个位数是 0、5、4、9 的火车票，都是靠窗户的，0、5 是三人座靠窗的；4、9 是两人座靠窗的。个位数 2、7、3、8 是靠近过道的，2、7 是三人座靠过道，3、8 是二人座靠过道的。1、6 就是三人座中间的。

火车开头会有一些字母，那么这些字母代表什么呢？

C—城际列车 D—动车组

G—高速列车 Z—直达列车

T—特快列车 K—快速列车

L—临时旅客列车

A—局管内临时旅客列车 Y—旅游列车

搭建知识

明白比赛规则后，我们要进行搭建环节了，怎样搭建才能让我们的机器人更好地完成任务呢？

今天的机器人一共分为两个比较关键的部分：第一部分是推送色块的部分。第二部分是盛放色块的部分；接下来我们一起来看一下这两部分的搭建。

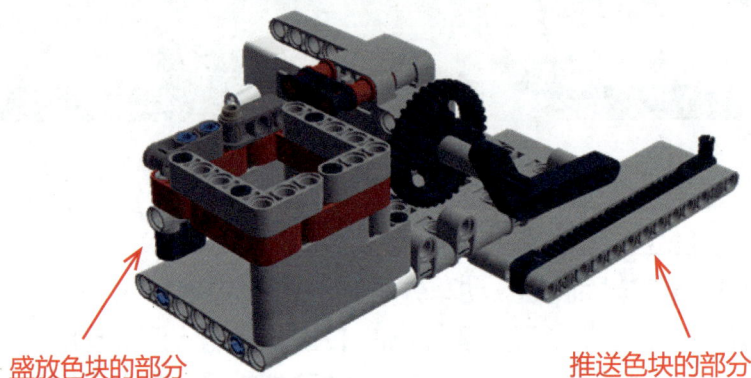

盛放色块的部分

推送色块的部分

盛放色块的部分：

　　盛放色块部分的大小只要满足在放入色块时不会出现卡顿现象就可以。因为我们要用到大圆齿轮带动齿条让下面的装置左右运动去推送色块，所以盛放色块的部分的另一边不能封起来，不然我们的色块是不能被推送出来的。

推送色块的部分：

　　利用大圆齿轮带动齿条。当大圆齿轮转动时就可以带动齿条部分的装置左右动起来，这样就可以完成推送色块的功能。

编程知识

小朋友们，我们马上要进行编程啦。快一起来看一下机器人要完成什么任务吧！

机器人要完成的任务是：开始的时候携带红色和绿色两个不同颜色的色块，然后把它们放置到相应颜色的区域里面，所以我们开始的时候要对自身携带的色块进行识别。比如识别到绿色时，我们让机器人前进然后右转，然后再前进到绿色区域后把色块放下，这时还要放置红色色块，所以要让机器人后退到红色区域，再把红色色块放下。

明白啦，博士！通过任务分析我们可以看到，机器人可以通过识别不同的颜色去走相应的路线。不管机器人最先识别到哪种颜色，都要进行色块的放置，然后后退到另一个区域再放置另一个色块。我们可以通过电机的正转与反转进行色块的放置。

很聪明呀小柱！说的对，我们可以通过电机的正转与反转进行色块的放置。我们一起来看一下放置色块的流程图吧。

开始 ▶ 中型电机正转 ▶ 中型电机反转 ▶ 后退 ▶ 中型电机正转 ▶ 中型电机反转

试一试

下面同学们和擎天柱一起根据老师讲解的编程思路，试着画一画**程序的流程图**吧！

练一练

同学们，今天的课程结束啦，我们一起做几个小练习吧！

1. 在火车上，下列数字中哪个数字标识的座位是靠窗的？（　　）

　　A.5、9　　　　　　　　　　B.2、4

　　C.1、6　　　　　　　　　　D.3、7

2. 在搭建过程中推送色块的装置用到了什么原理？（　　）

　　A. 杠杆原理　　　　　　　　B. 齿轮齿条传动

　　C. 摩擦力　　　　　　　　　D. 重力原理

3. 在放置色块的编程中，可以在电机正转后放置等待时间模块吗？
（　　）

　A. 不可以，这样程序无法流畅运行　　B. 不可以，添加了也是多余的

　C. 可以，这样程序会运行更流畅　　D. 可以，不过不会有任何作用

秀一秀

作品合影照片粘贴处

第 32 课 贪吃大作战

　　小朋友们好，很高兴又和大家见面啦！上节课我们完成了"对号入座"的机器人比赛，利用齿轮与齿条啮合的传动结构来进行色块的推送。在编程中还学习了"如何根据初始条件来规划路线"。今天我们要来完成一项"贪吃蛇大作战"携带类的机器人比赛，它是一个具有口袋结构的机器人，会结合路况使用走位和循线相结合的方法来完成较为复杂的循线任务。好了，不多说了，赶快看看今天的比赛课程吧！

比赛知识

　　小朋友们，我们先一起来看一下比赛场地，了解一下比赛规则吧！

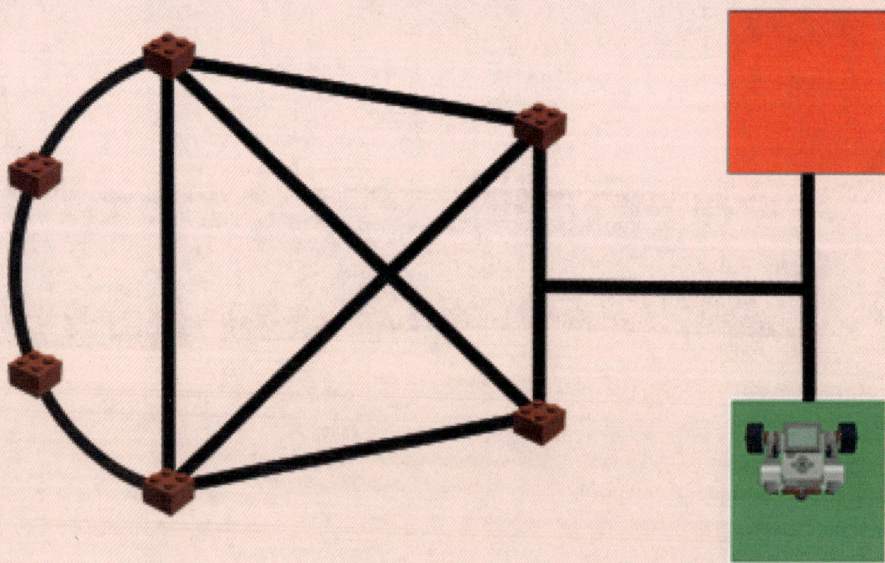

比赛规则

1.机器人从绿色区域出发，按照一定的路线运行，将标记点上面的色块带走，最后机器人停在红色区域；

2.比赛满分为100分；每带走一个色块，得15分，最后机器人停到红色区域，得10分；

3.比赛结束后得分最高的同学获胜．

小朋友们，这节课的小蛇非常贪吃，可是我们不能贪吃啊，要选择健康的食物，不能吃垃圾食品。那么什么是垃圾食品呢？

小知识

垃圾食品 (Junk Food)，是指仅仅提供一些热量，别无其他营养素的食物，或是提供超过人体需要，变成多余成分的食品。

垃圾食品包括：油炸类食品、腌制类食品、加工类肉食品（肉干、肉松、香肠、火腿等）、饼干类食品（包括所有加工饼干）、汽水可乐类饮料、方便类食品（主要指方便面和膨化食品）、罐头类食品（包括鱼肉类和水果类）、话梅蜜饯果脯类食品、冷冻甜品类食品（冰淇淋、冰棒、雪糕等）、烧烤类食品。

搭建知识

明白比赛规则后，我们要进行搭建环节了，博士，怎样搭建才能让机器人把所有的色块都带走呢？

今天的机器人需要两个颜色传感器来完成这项任务，关于两个颜色传感器的搭建我们之前已经讲过了，今天主要讲一下"口袋结构"，我们一起来看一下吧。

如下图所示，开口结构和包围结构组成了"口袋结构"。在运行过程中机器人会利用口袋结构将色块带走，色块进入"开口结构"后，因为后面是包围起来的，所以色块不会漏出去。这样就可以完成今天的任务啦！

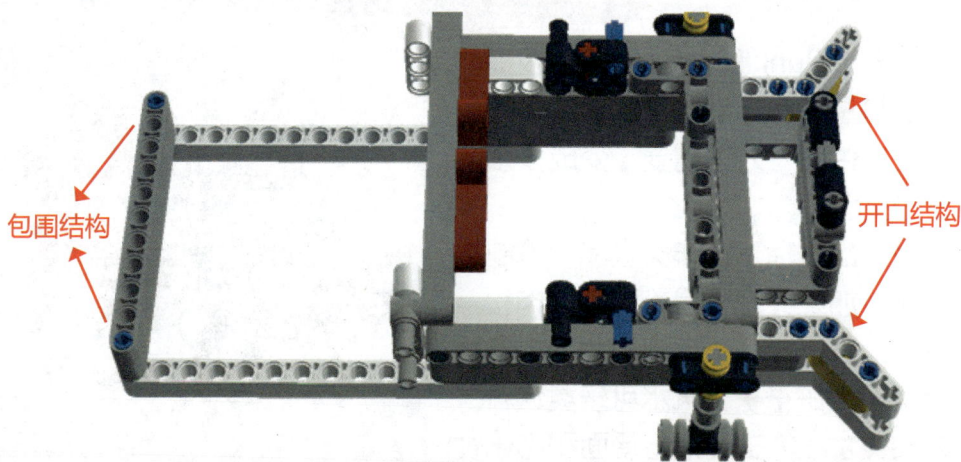

包围结构

开口结构

编程知识

小朋友们，我们马上要进行编程啦。快一起来看一下今天的编程思路吧！

今天我们要完成的是"贪吃蛇大作战"的任务，机器人从红色区域出发，经过带有色块的 6 个标记点，将色块装到自己身体里，然后带到红色区域就算成功。

在机器人的运行路线中机器人除了循线，还采取了直接前进，左转再前进，再左转这样的方式来完成第一段的任务。其实在真正的比赛当中，我们也是采用这种移动转向模块和循线相互结合的方式，这样会更加高效地完成任务。梳理完编程思路后。下面我们一起来进行具体的任务分析。

开始机器人要前进，然后左转，在前面再左转，我们可以把它看作是走位的过程，走位的过程非常重要，直接决定了后面能不能循线成功，所以同学们要注意我们最后走位完成后，机器人的位置要恰好能够循线。然后我们可以使用 1 号颜色传感器去识别黑线，如果检测到黑线可以让机器人左转，否则就右转，这是一个标准的循线过程。这个过程循环运行就能完成循线的任务。当 2 号颜色传感器检测到黑线，机器人的循线任务要马上结束，所以循环的条件为"2 号颜色传感器"没有检测到黑线。当循环结束后，机器人要左转然后前进，走到红色的区域。

试一试

下面同学们和擎天柱一起根据老师讲解的编程思路，试着画一画 **程序的流程图** 吧！

练一练

同学们，今天的课程结束啦，我们一起做几个小练习吧！

1. 下列哪项不是垃圾食品？（　　　）

   A. 水果罐头　　　　　　　　B. 烧烤

   C. 汉堡　　　　　　　　　　D. 胡萝卜

2. 在编程过程中我们是用什么样的方式来使机器人完成较为复杂的循线任务呢？（　　）

  A. 移动转向　　　　　　　B. 循线　　　　　　　C. 走位与循线相结合

3. 判断正误：在搭建环节中，只有开口结构就可以了，不需要有包围结构。（　　）

  A. 正确　　　　　　　　B. 错误

秀一秀

作品合影照片粘贴处

参考答案

第 17 课　草坪理发师
1.D　2.D　3.B

第 18 课　天籁之音
1.C　2.B　3.D

第 19 课　机器宠物
1.A　2.B　3.A

第 20 课　神秘猎手
1.B　2.B　3.B

第 21 课　理财助手
1.B　2.B　3.C

第 22 课　智能密码箱
1.D　2.C　3.A

第 23 课　自助售货机
1.D　2.A　3.C

第 24 课　定时器
1.D　2.D　3.C

第 25 课　相扑比赛
1.B　2.C　3.B

第 26 课　争分夺秒
1.C　2.A　3.B

第 27 课　积少成多
1.C　2.A　3.C

第 28 课　祖玛祖玛
1.C　2.B　3.A

第 29 课　多劳多得
1.A　2.C　3.B

第 30 课　慧眼识真
1.B　2.A　3.B

第 31 课　对号入座
1.A　2.B　3.C

第 32 课　贪吃大作战
1.D　2.C　3.B

EV3 体验课 01 引入讲解

引入本节课课程主题
讲解相应的知识点

EV3 体验课 02 作品搭建

根据提示和引导搭建本
节课的作品

EV3 体验课 03 游戏互动

通过游戏锻炼逻辑思维
能力、想象力、空间想
象力等综合能力

EV3 体验课 04 任务分析

分析编程思路

EV3 体验课 05 编程讲解

程序编写及调试

EV3 体验课 06 作品展示

锻炼语言组织能力、语
言表达能力

EV3 体验课 07 整理归位

拆掉作品、放回教具盒

乐高·EV3 旋风陀螺工厂

乐高·EV3 自平衡机器人

乐高·EV3 玉兔捣药机器人

乐高·EV3 遥控机器人

乐高·EV3 小狗机器人

乐高·EV3 颜色分拣机器人

乐高·EV3 推土机机器人

乐高·EV3 魔方机器人

乐高·EV3 坦克机器人

乐高·EV3 爬楼梯机器人

乐高·EV3 龙舟机器人

乐高·EV3 机械叉车机器人

乐高·EV3 机械手臂机器人

乐高·EV3 悍马机器人

乐高·EV3 父亲节献礼

乐高·EV3 大象机器人

乐高·EV3 电吉他机器人